好きになる生化学

生体内で進み続ける化学反応

田中越郎 著
Etsuro Tanaka

講談社サイエンティフィク

［ブックデザイン］
安田あたる

［カバーイラスト］
角口美絵

［マンガ］
高橋ナッツ

まえがき

　ヒトの体や細胞についての知識を得る場合、複数の方向から勉強すると、その機能やしくみをより深く立体的に知ることができます。たとえば、体温や神経の興奮など物理的なアプローチ法もあれば、酵素や遺伝子など化学の面から勉強することもできます。前者が生理学で、後者が生化学です。一般的に生理学よりは生化学のほうを苦手とする人が多く、生物系専攻や医療系専攻の学生にとって、その勉学に最も苦労する科目が生化学のようです。これは生化学の領域がきわめて広いことも理由の1つですが、それよりもおそらく、高校時代にマスターしておくべき化学の知識が不足していることがより大きな原因かと推察しています。逆に言うと、化学の基礎知識さえちゃんと身につけていれば、生化学の理解は思ったより簡単だということです。

　本書は拙書『好きになる生理学』の姉妹編として、生化学嫌いの人にも好きになってもらうことに主眼をおき製作したものです。そのため『好きになる生理学』に登場した「田中家の人々」を再度登場させました。そして全体を7章に分け、まずは有機化学の復習から始めてあります。2章以降は、生体物質・代謝・酵素を生化学の面から解説し、さらに分子生物学や遺伝子工学にも触れています。最後に再度、生体の生化学を解説して、大局観が持てるように工夫したつもりです。

　生化学は一見とても複雑なように感じるかもしれません。しかし実は根はとても単純であり、理屈通りに理路整然としているのです。本書にて生化学の基礎項目およびその理屈を正しく理解し、その上で全体を俯瞰できるようになったあかつきには、必ず生化学が大好きになっているはずです。生化学が好きになり、生化学の面から体や細胞の神秘性を実感していただければ、著者として望外の喜びです。楽しいマンガを描いて下さった高橋ナッツさんにも、この場をお借りして御礼申し上げます。

　2012年2月

田中　越郎

好きになる生化学 contents

目次

第1章 生化学への橋渡し　1

- 1.1 生物学と生化学　2
- 1.2 化学の基礎知識　3
  - A 分子とは　4
  - B 分子式と構造式　4
  - C 原子の結合　5
  - D 有機化合物　5
  - E 官能基、基　6
  - F 親水性と疎水性　8
  - G 水素結合　9
  - H 結合力　9
  - I エステル結合とアミド結合　10
  - J 加水分解　11
  - K ジスルフィド結合（S-S結合）　11
  - L 単結合と二重結合　12
  - M ベンゼンとベンゼン環　13
  - N 酸化と還元　13
  - O 異性体、光学異性体　14
- 1.3 細胞　15
  - A 細胞の構成　15
  - B 細胞内の構造物　16
  - C 動物細胞、植物細胞、細菌細胞　17
- 1.4 細胞が行っている仕事　17
  - A エネルギー産生　17
  - B 細胞の仕事とエネルギー源　18
  - C 代謝と酵素　19

第2章 細胞を構成する化学物質　21

- 2.1 糖質：基本構造と種類　22
  - A 糖質の構成元素　22
  - B 単糖類　22
  - C 糖の異性体　22
  - D 糖類のいろいろ　23
  - E 糖類の化学的性質　28

F　糖質の消化と吸収　29
2.2　脂質：基本構造と種類　29
　　A　脂質の種類　29
　　B　脂肪酸　31
　　C　不飽和脂肪酸の融点　33
　　D　シス形とトランス形　35
　　E　必須脂肪酸　36
　　F　中性脂肪の消化と吸収　37
2.3　アミノ酸と蛋白質　38
　　A　アミノ酸の基本構造　38
　　B　アミノ酸の種類　38
　　C　必須アミノ酸　39
　　D　等電点　44
　　E　ペプチド結合　45
　　F　蛋白質の一次構造　46
　　G　システインとシスチン　47
　　H　蛋白質の高次構造　48
　　I　蛋白質の種類　49
　　J　蛋白質の機能　51
　　K　蛋白質の消化と吸収　51
2.4　核酸：基本構造と種類　52
　　A　核酸の成分　52
　　B　核酸の基本構造　53

第3章 代謝生化学1 ATPを作る　57

3.1　ATPとは　58
　　A　ATPとは　58
　　B　ATPの構造　58
　　C　ATPのエネルギー　59

3.2　糖質からATPを作る　61
　　A　嫌気的解糖　61
　　B　糖新生　63
　　C　酸素を使ってATPを作る　64
3.3　脂質からATPを作る　69
　　A　グリセロールの代謝　69
　　B　脂肪酸の代謝　70
　　C　中性脂肪の代謝　70
　　D　ケトン体の生成　70
　　E　脂肪酸は糖新生ができない　72
3.4　蛋白質からATPを作る　72
　　A　アミノ酸からATPを作る　72
　　B　蛋白質の異化　74
　　C　尿素回路　75
　　D　クレアチン　76

第4章 代謝生化学2 ATP以外のものを作る　79

4.1　代謝の目的　80
　　A　代謝によるエネルギー産生と消費　80
　　B　メッセンジャー物質　80
4.2　脂質　83
　　A　リン脂質　84
　　B　コレステロール　86
4.3　アミノ酸　88
　　A　脱炭酸、アミン形成　88

B　例として、チロシンの代謝　89
4.4　肝臓での解毒　91

第5章 遺伝　93

5.1　核酸と遺伝子　94
　　A　遺伝と核酸　94
　　B　DNAの成分　94
　　C　DNAの構造　95
　　D　DNAの複製　98
　　E　転写と翻訳　98
5.2　遺伝子発現の調節　104
　　A　ホモとヘテロ　104
　　B　常染色体優性遺伝　105
　　C　常染色体劣性遺伝　105
　　D　性染色体劣性遺伝　106
　　E　遺伝子発現の調節　106
5.3　ウイルスの増殖　107
　　A　ウイルスの構造と増殖のしくみ　107
　　B　ウイルスの核酸　108
5.4　遺伝子工学　109
　　A　細菌への遺伝子導入　109
　　B　遺伝子組み換え動物　109
　　C　遺伝子ノックアウト動物　110

第6章 酵素　113

6.1　酵素とは　114
　　A　化学反応　114
　　B　酵素は触媒　114
　　C　基質特異性　116
　　D　至適温度、至適pH　117
6.2　補酵素　119
　　A　アポ酵素、補酵素、ホロ酵素　119
　　B　ビタミンと補酵素　119
　　C　金属イオン　121
　　D　アイソザイム　121
6.3　酵素の種類　121
　　A　6種類ある　121
6.4　酵素の基礎　124
　　A　酵素の活性部位と調節部位　124
　　B　カスケード　125
　　C　フィードバック阻害　127
　　D　酵素の失活　127
6.5　酵素反応論　128
　　A　ミカエリス–メンテンの式：V_{max}とK_m　128
　　B　拮抗阻害　140
　　C　非拮抗阻害　141
　　D　アロステリック効果　142
6.6　酵素の応用　143

第7章 生体の生化学　145

7.1 生化学実験の手法　146
- A 遠心分離　146
- B クロマトグラフィー　147
- C 電気泳動法　148
- D サザンブロット法　149

7.2 再度、細胞の構造　151
- A もうちょっと詳しい細胞の構造概略　151
- B 遺伝子の転写と翻訳　151
- C 蛋白質の産生場所　152
- D ATPの産生場所　152
- E その他の細胞小器官　153
- F 細胞分画法　153

7.3 生化学からみたビタミン　155
- A ビタミンとは　155
- B 補酵素としてのビタミン　155
- C 還元剤としてのビタミン　157
- D ビタミンA、D、K　158

巻末資料　160
倍数接頭辞／ギリシャ文字の読み方／補助単位

参考図書　161

索引　165

マンガ登場人物紹介

- ところどころ出てくる「田中家の人々」を紹介します（「好きになる生理学」にも出てきます）。
  父…将棋棋士。一見、ぼーっとしているようにも見えるが、誰よりも周囲に気を配っている。運動不足で最近太ってきた。
  母…産婦人科医。頭脳明晰のがんばり屋さん。お酒が大好き。
  兄（惣一郎）…医学生。そこそこルックスもよい。普通に育って両親も安心している。
  弟（健次）…筋肉を鍛えることが趣味の高校生。トレーニングの知識は抜群にある。友紀とは二卵性双生児の関係。
  妹（友紀）…散歩が好きな高校生。一見おっとりしているが、実はスポーツ万能だったりする。健次とは二卵性双生児の関係。
  犬（パブロフ）…シベリアンハスキー。頭がいい？
※この家族はフィクションであり、パブロフ（写真）以外は著者の家庭とは何の関連もありません。

生化学への橋渡し

　生体内でのできごとを、化学の面から解析するのが生化学です。生化学を理解するためには、どうしても知っておかないといけない基礎的な化学の知識が存在します。第1章では、高校理科の復習を兼ねて、生化学の理解に必要な最低限の化学と生物の知識を解説します。

第1章 生化学への橋渡し

1.1 生物学と生化学

　細胞も生体もその構成成分は**化学物質**から成り立っており、生きている細胞は生きていくうえでさまざまな**化学反応**を行っています。たとえば筋肉は筋細胞からできていますが、この筋細胞の主成分はアクチンとミオシンという蛋白質です。そして蛋白質はアミノ酸という化学物質から成り立っています。

　この筋肉が収縮するとき、その命令は神経から出されるアセチルコリンという化学物質で伝えられます。筋肉収縮にはエネルギーが必要ですが、このエネルギーはATPという化学物質を分解することによって得られます。このATPはブドウ糖などの化学物質から何段階もの化学反応を経て作られます。

　つまりヒトの体は化学物質の集まりであり、ヒトが生きていくためには、体内ではさまざまな化学反応が行われているわけです（**図1.1**）。そこで、細胞やヒトの体のはたらきを、化学の面から見たのが生化学です。言いかえると「生物学」を、体温や神経の興奮などの物理学的な面から見たのが「生理学」、酵素や遺伝子などの化学的な面から見たのが「生化学」です（**図1.2**）。

　➡生化学とは、生物学を化学の面から見た学問。

図1.1　化学物質と化学反応

ヒトの体は化学物質の集まりであり、生きていくためにさまざまな化学反応が行われている。

図 1.2　**パブロフの勇姿**

『生物学』を『化学』の面から見たのが「生化学」。同じものでも見る方向によって、見え方が異なる。パブロフの姿も見る位置によって違って見える。

1.2　化学の基礎知識

　生化学を理解するためには、ある程度の化学の知識は必須です。最低ラインとして、**どうしても知っておかないといけない基礎的な化学の知識**が存在します。これを知らないことには生化学の理解はそもそも不可能ですので、まずはその確認から行きましょう。すでに知っている場合はここは飛ばして結構です。ということで、最低限必要な化学の解説から始めます。

　➡生化学の勉強には化学の基礎知識が必要。

A 分子とは

炭素、水素、酸素、窒素など、物質を構成している基本的な単位の粒子の種類を元素といい、その1個1個を原子といいます。原子は1粒1粒ではなく、たいていは2個以上が集まって、大きな粒となって存在しています。そのくっついた状態の粒を分子といいます。酸素は2個くっついて酸素分子となり、窒素も2個くっついて窒素分子となります（**図1.3**）。

B 分子式と構造式

分子式は、分子を構成する原子の種類と個数を表したもので、構造式はそれらがどのような並びで結合して構成しているかを示しています（**図1.4**）。複雑な構造の化合物の場合は、骨格となる炭素Cや、それに付随する水素Hを省略して表す場合もあります。

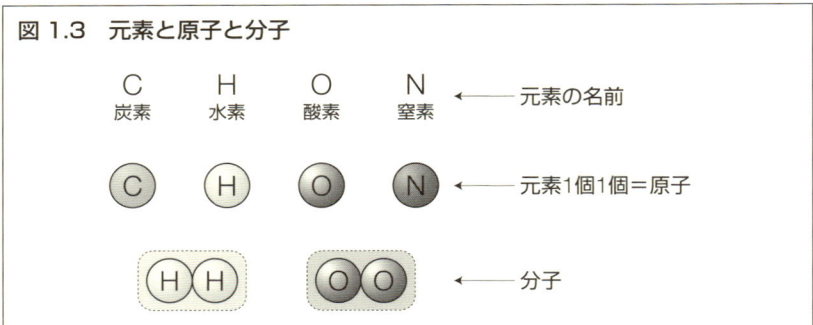

図1.3 元素と原子と分子

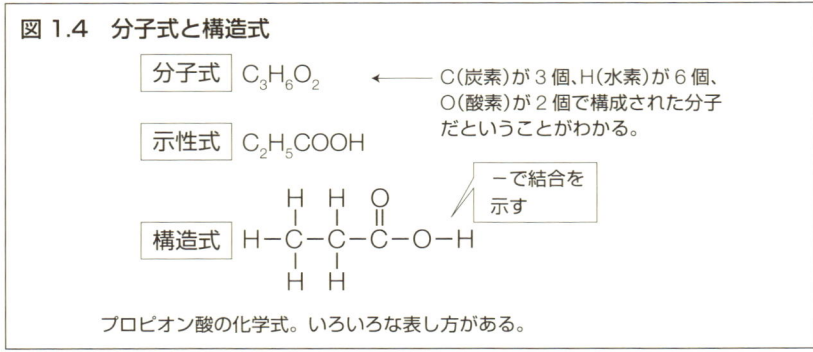

図1.4 分子式と構造式

プロピオン酸の化学式。いろいろな表し方がある。

C 原子の結合

生体を構成しているおもな分子は、C、H、O、N、Pです。C（炭素）は4本、H（水素）は1本、O（酸素）は2本、そしてN（窒素）は3本または5本*の腕を持っています。まず、この元素記号と腕の数を覚えましょう。これらの分子は、この腕でお互いに結合します（**図1.5**）。この結合方式を**共有結合**といい、非常に強固な結合です。

➡ 共有結合は強い結合で、Cは4本、Hは1本、Oは2本の腕を持つ。

D 有機化合物

生体物質の多くは、その構造の骨格に炭素を使用しています。このような炭素を含んだ複雑な化合物を有機化合物といいます。これらの炭素同士は、通常、共有結合でしっかり結びついています。

骨格の炭素は通常水素をともなっています。炭素と水素だけからなる化合物を**炭化水素**といい、台所のガスやガソリンの主成分です。炭化水素は、その炭素が細長い鎖状を形成しているものと、環状を形成しているものとに分けられます。後者の代表例がベンゼンです（**図1.6**）。生体内の有機化合物は、この炭化水素が少し変化したものが多いようです。

➡ 有機化合物とは、炭素を含んだ複雑な化合物のこと。

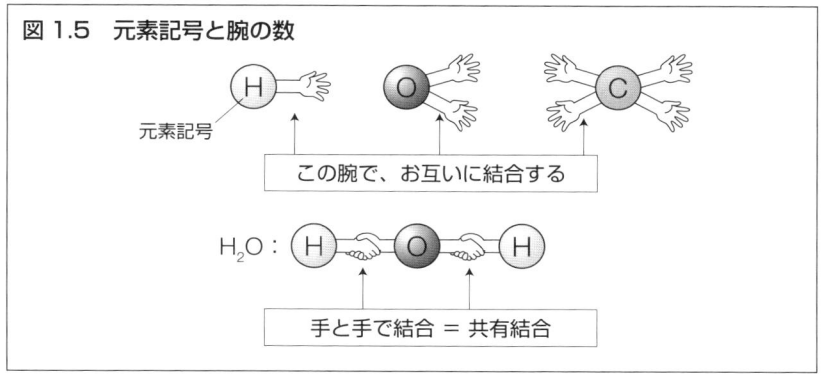

図1.5　元素記号と腕の数

---

*　Nの腕の数：通常は3本。ときどき5本のこともある。

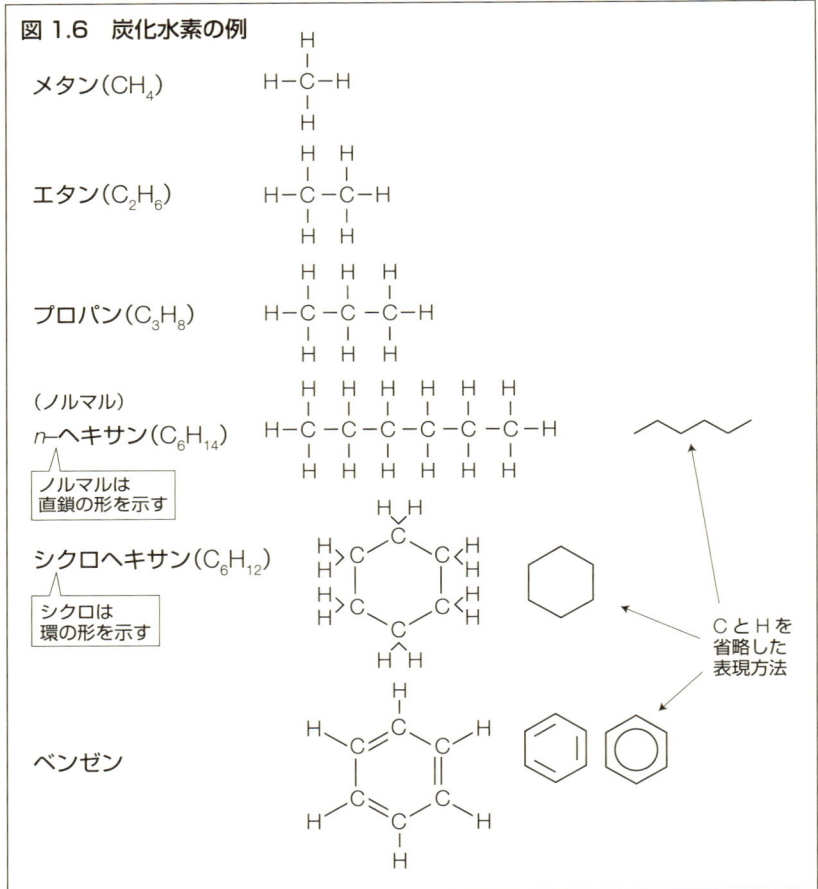

図1.6 炭化水素の例

E 官能基、基

　有機化合物はいくつかの成分に分けることができます。共通成分のグループを「**官能基**」もしくは「**基**」といい、共通の性質を示します。いくつかの重要な官能基を**図1.7**に示しますので、これらは覚えておきましょう。

　たとえばエタン（C_2H_6）にヒドロキシ基（-OH）が「結合」するとエチルアルコール（エタノール、C_2H_5-OH）になりますが、実はこれは炭化水素側（エタン側）のHとヒドロキシ基とが置きかわっているのです。

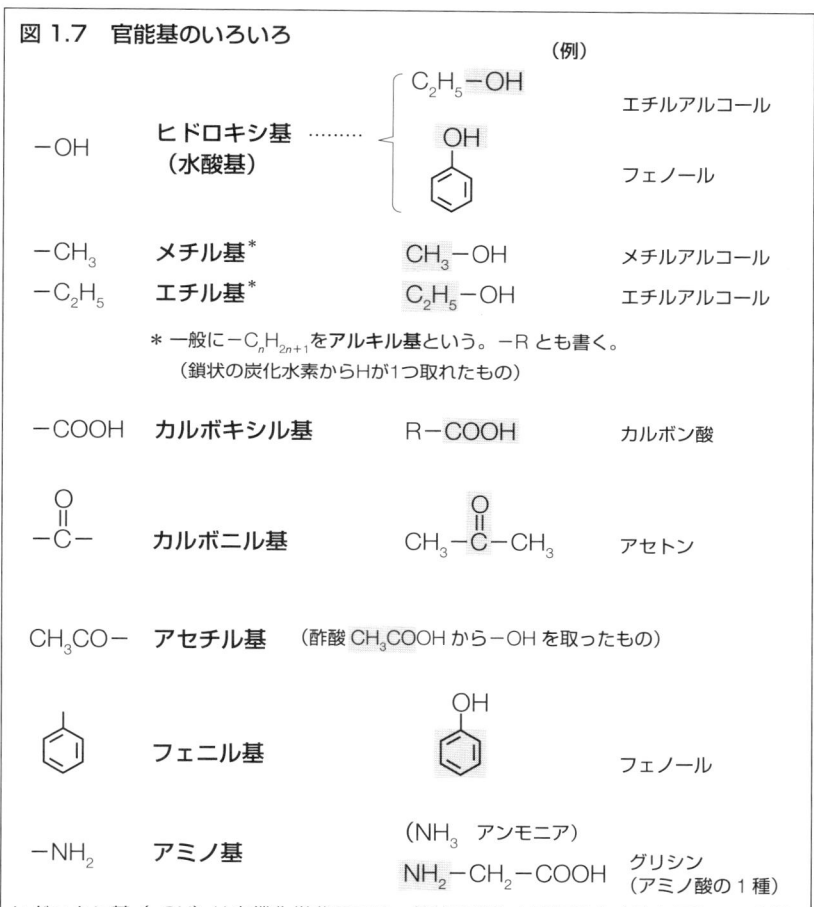

図 1.7 官能基のいろいろ

ヒドロキシ基（-OH）は有機化学分野では、鎖状の炭化水素に結合するとアルコール類、環状の炭化水素に結合するとフェノール類と呼びます。また、カルボキシル基（-COOH）をもった化合物をカルボン酸といいます。

つまりHが取れて、そのHの代わりにヒドロキシ基が入るのです。これを「置換」といいます。習慣的に官能基が「結合する」とか「くっつく」などと表現することがありますが、これは単なる結合ではなく「水素と置きかわっていることがほとんど」であることは知っておいてください。

　P（リン）に関してはリン酸の形で出てくることがほとんどなので、リン原子そのものではなく、リン酸としてとらえてください。リン酸も官能

基の一種です。リン酸で1つのかたまりで、リン酸の中のPとOの結合うんぬんは気にしなくて結構です。

➡有機化合物の共通成分を官能基といい、共通の性質を示す。

F 親水性と疎水性

化学物質はその構成成分により、水分子（H_2O）との「仲良し度」が違ってきます。水と仲良しのものを親水性、水分子と反発するものを疎水性といいます。親水性物質の代表が電解質（→ p.9）で、疎水性物質の代表が油です。一般にOとNは親水性、CとHは疎水性の傾向があるようです。

通常、親水性物質は水に溶け、疎水性物質は水に溶けません。しかし疎水性物質でも、親水性物質と結合することにより水に可溶となることができます。

➡親水性物質は水に溶けやすく、疎水性物質は水に溶けにくい。

化学物質はその成分の「官能基」によって親水性か疎水性かが決まります（図1.8）。大きな分子では、親水性の部分と疎水性の部分の両方を持つこともあります。また親水性のものは親水性同士で集まる傾向が、同じように疎水性のものは疎水性同士で集まる傾向があります。後者を**疎水結合**といいます。

➡疎水性同士は引きつけ合う。

図1.8 親水性と疎水性の官能基

親水性の官能基	疎水性の官能基
−COOH　カルボキシル基	−C_nH_{2n+1}　アルキル基
−NH_2　アミノ基	⬡　フェニル基
OとNは親水性が強い	CとHは疎水性が強い

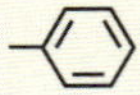

電解質とは、塩や酸・アルカリのように水に溶けてイオンになる物質のことです。イオンとは正や負の電荷を持つ原子や分子のことで、正の電荷を持つ陽イオンと負の電荷を持つ陰イオンとがあります。電荷の数は1価、2価、3価、…、といい、1価の陽イオンには、Na^+ や K^+ が、2価の陽イオンには Ca^{2+} や Mg^{2+} などがあります。陽イオンと陰イオンは強固に引きつけ合い、これを**イオン結合**といいます。また、同じイオン同士は反発し合います。なお、「マイナスイオン」という言い方はしません。

➡陽イオンと陰イオンは、強く引きつけ合う。

G 水素結合

水素の腕は1本ですが、フッ素（F）、酸素（O）、窒素（N）などを持つ分子同士が水素原子を介して引きつけ合うことがあります。これを**水素結合**と呼び、非常に弱い力です。水素結合は共有結合ではありません。DNA が二重らせんを形成（→ p.96）するための結合力は、この水素結合です。

➡水素原子を介して F、O、N を持つ分子同士が引きつけ合うことがある。

H 結合力

原子や分子の結合の方式を、4つ知っておきましょう。すなわち、共有結合、イオン結合、疎水結合、水素結合です。共有結合は腕でしっかり結合していますが、イオン結合・疎水結合・水素結合はイメージ的には結合というよりは「引きつけ合う」という表現のほうが近いかもしれません。引きつけ合う強さはイオン結合が強く、疎水結合と水素結合は弱い力です。水素結合は共有結合の10分の1程度の結合力です。

➡原子や分子の結合力は共有結合が強く、イオン結合が中等度、疎水結合と水素結合は弱い（図 1.9）。

図1.9

結合力の差？？

1. パーティ会場の人混みの中、目が合う二人 2. パーティが苦手な二人が壁際で出会う 3. ダンスを踊る友紀と男性 4. 25年前の結婚式。永遠の愛を誓う二人。カップルの引きつけ合う力には差があるように、原子や分子が引きつけ合う力にも差がある。1〜4は強いて言うと、それぞれ水素結合、疎水結合、イオン結合、共有結合に相当するかもしれません。

Ⅰ エステル結合とアミド結合

　すでに官能基のところでお話したように、官能基同士がお互いに結合することもあります。まずは、**エステル結合**と**アミド結合**とを知っておきましょう。−OHと−COOHとが結合したものがエステル結合、−NH₂と−COOHとが結合したものがアミド結合です（**図1.10**）。どちらも水が取れる形で結合するので**脱水縮合**といいます。これらの結合は、共有結合です。

　➡生化学の分野では、エステル結合とアミド結合はよく見られる。

> 図 1.10　エステル結合とアミド結合
>
> **エステル結合**：カルボン酸とアルコールから H_2O が取れて結合する方法 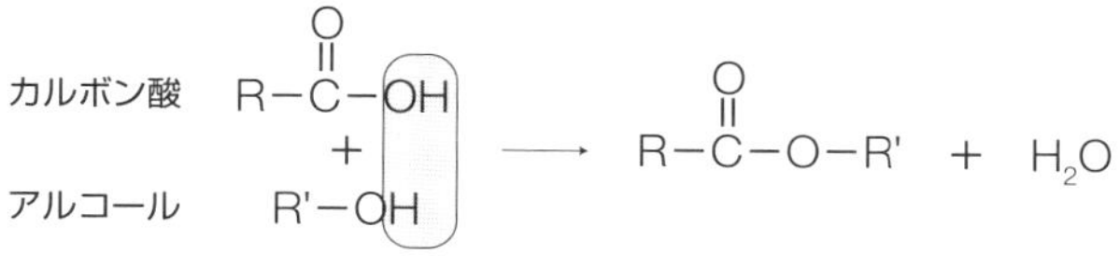
>
> カルボン酸　R-C(=O)-OH
> ＋
> アルコール　R'-OH
> ⟶　R-C(=O)-O-R' ＋ H_2O
>
> **アミド結合**：カルボン酸とアミノ基から H_2O が取れて結合する方法
>
> カルボン酸　　　アミノ基
> R-C(=O)-OH ＋ H-N(H)-△
> ↓
> R-C(=O)-N(H)-△ ＋ H_2O
>
> （Rはアルキル基　$-C_nH_{2n+1}$）

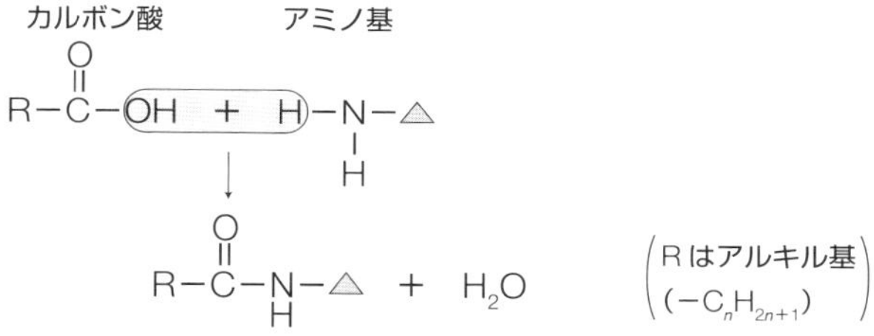

J　加水分解

　エステル結合やアミド結合が切断される場合は、水が加わって2つに分かれるので、加水分解といいます（**図1.11**）。言葉のまんまですね。

➡水が加わって分解されるのが加水分解。

> 図 1.11　エステル結合とアミド結合の加水分解
>
> エステル結合　R-C(=O)┆O-R' ＋ H_2O ⟶ R-C(=O)-OH ＋ R'-OH
> 　　　　　　　　　　　　　　　　　　　　カルボン酸　　　アルコール
>
> アミド結合　R-C(=O)┆N(H)-△ ＋ H_2O ⟶ R-C(=O)-OH ＋ H_2N-△
> 　　　　　　　　　　　　　　　　　　　　カルボン酸　　　アミノ基

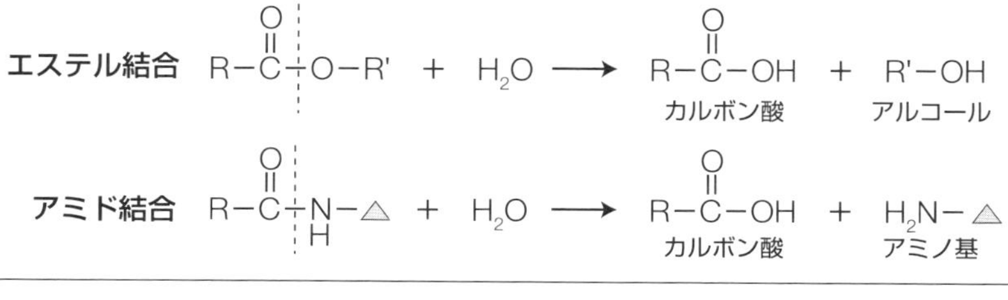

K　ジスルフィド結合（S-S結合）

　もう1つ結合の方式を知っておきましょう。-**SH**を**チオール基**といいます。このチオール基同士は2個結合することがあり、これをジスルフィ

ド結合（別名 S-S 結合）といいます。チオール基を持ったアミノ酸をシステインといいますが（→ p.47）、このシステインが2個ジスルフィド結合でくっつくことがあります。この結合は共有結合で強固なので、蛋白質の立体構造を形成するうえで非常に重要な働きをしています（→ p.48）。

➡蛋白分子中には、S-S 結合がよく見られる。

L 単結合と二重結合

　分子同士が共有結合している場合、結合している腕の数が1本の場合と2本の場合があります*。1本の腕で結合している場合を単結合といいます。水素がこれ以上結合できないので飽和結合ともいいます。また2本の腕で結合する場合を二重結合といいます。二重結合の炭素には水素がもっと結合できる余地が残っているので、不飽和結合ともいいます。

　1本の腕で結合している場合（単結合）は、その1本の腕を軸にしてくるくると回ることができます。つまり立体構造は固定してないことになります。ところが2本の腕で結合すると（二重結合）、回ることができなく

図 1.12　単結合では回転し、二重結合は回転しない

二重結合　　　単結合

ブランコの鎖が2本あると向きが安定する。もし、1本なら回転してしまって、向きは安定しない。単結合はその結合軸を中心に回転し、立体構造は流動的になる。

---

*　3本の場合もあれば1.5本のこともある。

なり、その立体構造は固定します。つまり分子の立体構造は流動的な場合と固定している場合とがあり、これは二次元の構造式だけでは示せないこともあります。

➡ **単結合はその結合軸を中心に回転し、立体構造は流動的になる（図 1.12）。**

M ベンゼンとベンゼン環

ベンゼンの 6 個の炭素同士はどれも同じ結合状態です。単結合と二重結合とが明確に 3 つずつあるわけではありません。強いて言うと、どれも 1.5 本の腕で結合しているのと同じ状態です。ベンゼンの環状構造をベンゼン環といいます**（図 1.13）**。

ベンゼンのような不飽和結合を有する環状有機化合物をまとめて芳香族といいます。芳香族には独特の匂い（芳香、アロマ）を持つものが多いのですが、匂わない化合物もあります。

図 1.13　ベンゼン環

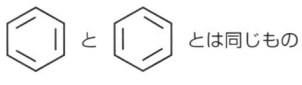

ベンゼンの炭素同士は、すべて平等に 1.5 本の腕で結合している。

N 酸化と還元

O が増えたり H が減ることを**酸化**、逆に H が増えたり O が減ることを**還元**といいます*。たとえばエチルアルコールは、アセトアルデヒドさらに酢酸へと変化しますが、これは酸化反応です**（図 1.14）**。

➡ **化学反応には酸化反応や還元反応がある。**

---

*　酸化/還元の例は、これ以外にもまだある。

図 1.14　酸化の例

簡略化して表すと…

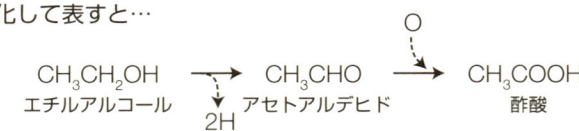

Hが取れても、Oが入っても、どちらも酸化

❶ 異性体、光学異性体

　複雑な構造の分子は、分子式が同一でもその構造が異なることがあります。これを異性体といいます。たとえばブタン（C_4H_{10}）にはノルマルブタンとイソブタンの2種類の異性体が存在します（**図1.15**）。

　さらに炭素原子の4本の腕にそれぞれ異なるものが結合すると2種類の異性体ができます。この異性体は一見同じように見えますが、実はお互いに鏡像の関係にあります。このような例を特に光学異性体といい（**図1.16、図1.17**）、光学異性体を作る中心部の炭素原子を不斉炭素*といいます。

　なお、立体的な構造を2次元で示す場合、結合の腕の線を故意に太く描いたり、点線で示したりすることもあります。

➡異性体とは、分子式は同一だが構造が異なる分子のこと。

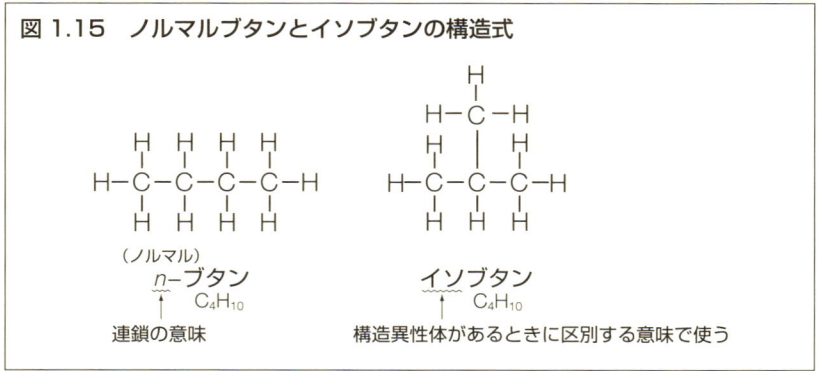

図 1.15　ノルマルブタンとイソブタンの構造式

---

*　不斉：そろわない，つまり非対称という意味。

図 1.16　アラニンの光学異性体

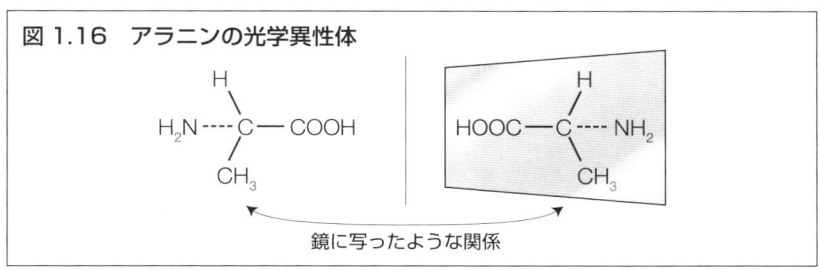

鏡に写ったような関係

図 1.17 **鏡を見ながら自画像を描くと**

鏡を見ながら自画像を描くと、前髪が左分けから右分けに変わってしまう。光学異性体は、一見同じように見えるが、実はお互いに鏡像の関係にある。

1.3　細胞

A　細胞の構成

　ヒトの体は細胞からできています。細胞はいろいろなものを詰めた袋です。外側の袋を構成している膜を細胞膜といいます。細胞をよく見ると、

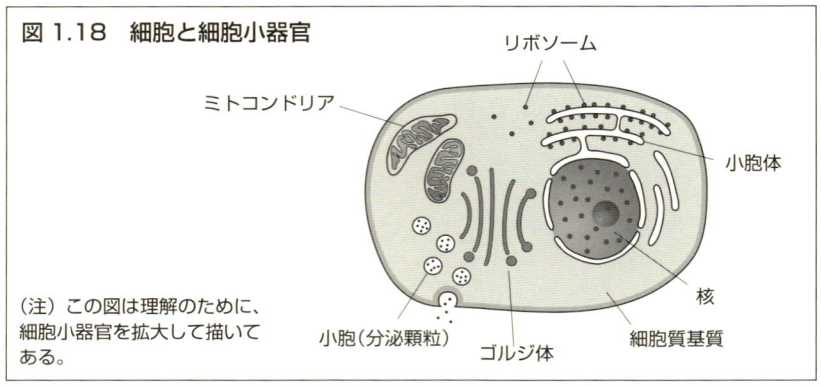

図 1.18　細胞と細胞小器官

（注）この図は理解のために、細胞小器官を拡大して描いてある。

いろいろな構造体が点在しています。これらの構造物については、代表 6 つを理解しておきましょう。それは、**核**、**ミトコンドリア**、**小胞体**、**ゴルジ体**、**小胞（顆粒）**、**リボソーム**です。核以外の構造物を細胞小器官といいます（**図 1.18**）。核と細胞小器官以外の部分、つまり単なる液体の部分を**細胞質基質**といいます。つまり細胞とは、細胞膜でできた袋の中に、細胞質基質とこれらの構造物を詰めたものです。

➡ **細胞内には構造物がある。**

B　細胞内の構造物

細胞内の構造物の役割を簡単に理解しておきましょう。詳細は第 2 章であらためて説明します。

まず**核**は遺伝子を収納している倉庫です。遺伝子の本体は DNA（→ p.52）です。通常、1 つの細胞は 1 個の核を必ず持っています。

ミトコンドリアはエネルギーを産生する工場です。したがってエネルギーをたくさん必要とする細胞はたくさんのミトコンドリアを持っています。エネルギーの本体は ATP（→ p.58）です。

小胞体と**ゴルジ体**と**小胞**の 3 者はよく似ており、内部に液体を詰めた袋です。ゴルジ体は小胞体の中身を受け取り、内部の液体成分を少し変えます。小胞はゴルジ体の切れ端で小さな球で、顆粒ともいいます。これら 5 種はいずれも膜で覆われており、その膜は細胞膜と同じ構造をしています。

リボソームはアミノ酸を連結させることにより蛋白質を作るのが仕事です（→ p.101）。リボソームは細胞質基質内に浮遊しているものもあれば、小胞体表面にくっついているものもあります。

➡細胞内には核・ミトコンドリア・小胞体・ゴルジ体・小胞・リボソームなどがある。

C 動物細胞、植物細胞、細菌細胞

　動物細胞の一番外側は**細胞膜**です。植物細胞は、細胞膜の外側にさらに**細胞壁**というものを持っています。つまり植物細胞は動物細胞と同等なものの外側にさらに細胞壁があり、頑丈な作りになっています。動物の組織はやわらかくて、植物の組織は堅い理由の1つです。細胞内の構造物に関しては、植物細胞と動物細胞とは基本的には同じ作りです。

　また一般細菌類の細胞構造は、動植物細胞とは大きく違っており、動植物細胞のような明らかな細胞内の構造物を持っていません。つまり核もミトコンドリアも持っていません。

　なお、ウイルスは細胞ではありません。遺伝子を入れた容器、というのが近いイメージです。ウイルスに関しては第5章であらためて説明します。

➡植物細胞は、細胞の外側に細胞壁を持っている。

1.4　細胞が行っている仕事

A エネルギー産生

　細胞が自分で生きていくためには、その原動力となるエネルギーが必要です。細胞にとってこのエネルギーとは、**ATP**という化学物質のことです。つまり細胞にとって、自分が生きていくうえで、このATPを作ることが必須のノルマとなっています。そのため細胞は、糖質・脂質・蛋白質と酸素からATPを作っています。ATP産生の材料に使えるものは通常

図 1.19　食事と呼吸

は糖質・脂質・蛋白質なので、この3者を三大栄養素といいます。私たちの食べ物の基本は糖質・脂質・蛋白質です。ATPの作り方などについては、第3章であらためて説明します。

　ATPを作るときは、通常、酸素を使います。ということは三大栄養素を「酸化して」ATPを作る、ということであり、生化学的にみると**酸化反応**です。酸化反応を遂行するために酸素を取り込むことを**呼吸**といいます。ヒトの体全体で見ると、肺から空気中の酸素を取り込んでいますし、細胞レベルで見てもやはり血液中から酸素を取り込んでいます。どちらも呼吸です。

➡細胞は糖質・脂質・蛋白質を酸化してATPを得ている（図1.19）。

B　細胞の仕事とエネルギー源

　ヒトの細胞は細胞自身が単に生きていくだけでなく、何か特殊な仕事をしてヒトの体全体のために貢献しています。仕事の種類は細胞の種類により千差万別ですが、たとえば、何かを取込んで何かを出したり、筋肉のように形を変えることにより構造物となり体を支えています。さらに細胞は分裂増殖もします。これは自分自身を複製することであり、この場合は遺

伝子も複製する必要があります。

　実はこれらの仕事の遂行状況は、化学反応で説明ができるのです。そしてその仕事を行うためのエネルギー源は ATP なのです。つまり細胞は自分の仕事を遂行するために ATP を作っているのです。言いかえると、細胞の任務の半分は、自分のために ATP を作ること。残りの半分は、その ATP を使って自分に与えられた仕事を遂行することです。

➡細胞のエネルギー源は ATP である。

C 代謝と酵素

　生体内で物質をさまざまに変化させていくことを**代謝**といいます。このほとんどは化学反応の結果であり、その化学反応を触媒（→ p.114）しているのが**酵素**と呼ばれる蛋白質です。これらの反応には、通常化学エネルギーの産生や消費を伴います。物質が化学的に変化する場合だけでなく、物質が物理的に細胞内外等に移動するときにも化学エネルギーの産生や消費を伴います。酵素は代謝活動の鍵をにぎっています。酵素や触媒に関しては第6章で詳しく説明します。

　生体内に新たに取り入れた物質だけでなく、すでに体を構成している物質も常にこの代謝を受けています。その結果、細胞や組織は常に少しずつ新しいものに入れ替わっており、これを新陳代謝といいます。

➡代謝反応を触媒しているのが**酵素**。

確認問題

■2価の陽イオンとなるのはどれか。2つ選べ。
1. カリウム
2. カルシウム
3. ナトリウム
4. マグネシウム
5. アルミニウム

（臨床検査技師国家試験既出問題）

解説：K^+、Ca^{2+}、Na^+、Mg^{2+}、Al^{3+} となる。　【答　2、4】

第2章

細胞を構成する化学物質

生体の維持や細胞の構成に最も重要な物質は、糖質・脂質・蛋白質・核酸です。第2章では、この重要な4つの物質を取り上げ、その構造や性質などを解説します。

2.1 糖質：基本構造と種類

A 糖質の構成元素

　糖質は炭素（C）、水素（H）、酸素（O）からできている物質です。糖質の構成成分比は、通常 $C_m(H_2O)_n$ であり、炭素に H_2O（水）が結合したものともみなせるので、糖質は炭水化物や含水炭素などとも呼ばれます。それ以上加水分解できない糖質を**単糖**といいます。糖質には多数の異性体が存在します。

➡糖質は炭素、水素、酸素からできている。

B 単糖類

　先ほど説明したように、糖質の最小単位を単糖といいます。単糖類は、炭素数が6個のもの（六炭糖、ヘキソース）が基本ですが、5個のもの（五炭糖、ペントース）やそれ以外の個数のものもあります。生化学の分野では六炭糖が最も重要で、次が五炭糖です **（図2.1）**。というのは、動植物の構造物としては六炭糖がメインで次が五炭糖だからです。四炭糖や三炭糖は代謝途中で一時的に作られる中間代謝物です。六炭糖の例には、ブドウ糖（グルコース）、果糖（フルクトース）、ガラクトースなどがあります。今はこの3つを覚えれば十分でしょう。ヒトで最も重要な糖はブドウ糖です。五炭糖の例には、リボースやデオキシリボースなどがあります。

➡ブドウ糖は、糖代謝の最重要物質。

C 糖の異性体

　単糖類には不斉炭素が複数あるため、多数の光学異性体が存在します（→ p.14）。これらの中で、ある特定の位置の炭素によって生じる光学異性体をD型・L型と区別します。そしてこの炭素とは別な炭素によって生

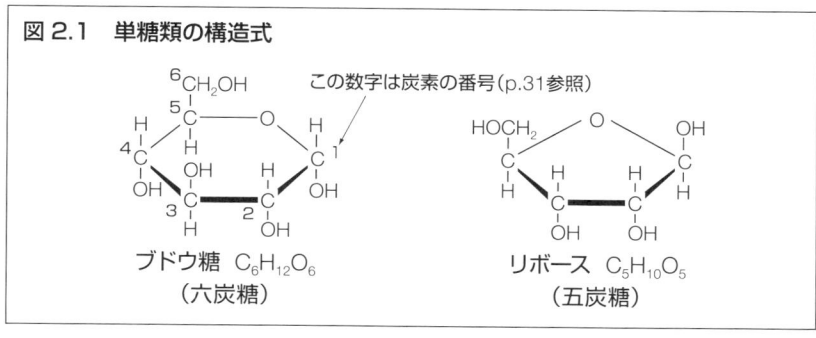

図2.1　単糖類の構造式
ブドウ糖 $C_6H_{12}O_6$（六炭糖）
リボース $C_5H_{10}O_5$（五炭糖）

じる光学異性体を $\alpha \cdot \beta$ と区別します。この2種類の区別だけでもブドウ糖（グルコース）には4種類の光学異性体が存在するわけです。しかし糖質における光学異性体による性質の違いはあまり深入りしなくて結構です。

➡糖質には多数の光学異性体が存在するが、あまり深入りしなくてよい。

D 糖類のいろいろ

　単糖が2個つながったものを二糖、数個つながったものをオリゴ糖、たくさんつながったものを多糖と言います。多糖類や二糖類は、加水分解で容易に単糖になりますが、単糖は、単純な加水分解ではそれ以上細かく分解することができません。

➡糖類には単糖、二糖、オリゴ糖、多糖がある（表2.1）。

（1）二糖類

　二糖類にはブドウ糖が2個つながった**麦芽糖**（マルトース）、ブドウ糖と果糖がつながった**ショ糖**（スクロース）、ブドウ糖とガラクトースがつながった**乳糖**（ラクトース）などがあります。まずはこの3者を覚えましょう。

　　麦芽糖＝ブドウ糖＋ブドウ糖
　　ショ糖＝ブドウ糖＋果糖
　　乳糖　＝ブドウ糖＋ガラクトース

表 2.1 おもな糖類

分類	名称	別名	成分	おもな消化酵素	甘味[*1]	備考
単糖類	ブドウ糖	グルコース			74	糖質代謝の基本になる糖
単糖類	果糖	フルクトース レブロース			170	体内でブドウ糖に変換される
単糖類	ガラクトース				30	体内でブドウ糖に変換される
二糖類	麦芽糖	マルトース	ブドウ糖2個	マルターゼ(小腸)	約40	デンプンの分解産物
二糖類	ショ糖(蔗糖)	スクロース サッカロース	ブドウ糖と果糖	スクラーゼ[*2](小腸)	100	砂糖の主成分
二糖類	乳糖	ラクトース	ブドウ糖とガラクトース	ラクターゼ[*3](小腸)	約30	母乳や牛乳の主成分
多糖類	デンプン(澱粉)	スターチ	ブドウ糖が主	アミラーゼ[*4](唾液、膵液)		植物の貯蔵糖。消化により麦芽糖になる
多糖類	グリコーゲン	糖原	ブドウ糖が主			動物の肝臓や筋肉の貯蔵糖
多糖類	セルロース	食物繊維、繊維素	ブドウ糖が主	ヒトにはない		植物の構成成分。ヒトは消化できない。草食動物は胃腸の細菌が分解

*1 ショ糖を100とした場合
*2 インベルターゼともいう
*3 ラクターゼ活性が低いと乳糖を分解できず、下痢を起こす
*4 アミラーゼには多種類ある。植物にも存在し、その1つの俗称がジアスターゼ

図2.2 二糖類の構造式（ショ糖）　　　　左がブドウ糖、右が果糖

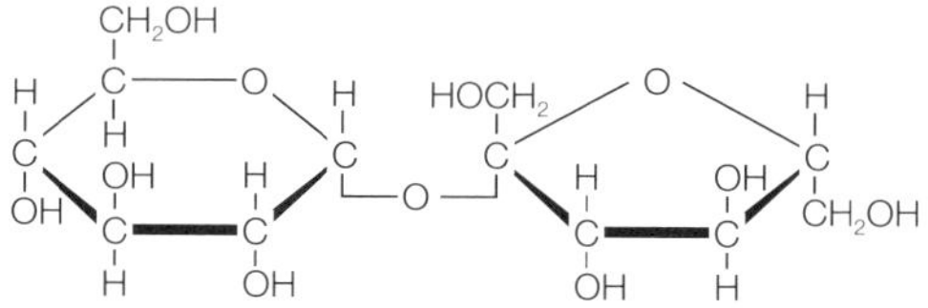

麦芽糖はデンプンを分解したときにできる糖です。甘味はショ糖の3分の1程度で、水飴の主成分はこの麦芽糖です。

ショ糖（図2.2）は台所にある砂糖の主成分で、料理で使う砂糖はこのショ糖です。ショ糖を分解する酵素はスクラーゼ（小腸にある）です。

乳糖は哺乳動物の母乳中に存在します。乳糖を分解する酵素がラクターゼです。牛乳を飲むと下痢する人はこの酵素活性が低いのでしょう。これを乳糖不耐症といいます。

➡二糖類には**麦芽糖・ショ糖・乳糖**がある。

（2）多糖類

●多糖類の種類

多糖にはデンプン、グリコーゲン、セルロースなどがあります。これらはいずれもブドウ糖（グルコース）からできています。デンプンは植物の多糖類、グリコーゲンは動物の多糖類です。セルロースは植物の細胞壁などの成分で、ブドウ糖が特殊なつながり方をしており、簡単には分解されにくい構造になっています。

➡多糖類には**デンプン、グリコーゲン、セルロース**などがある。

●デンプン

デンプンはエネルギー貯蔵のために植物が作った多糖類です。ブドウ糖が多数結合したもので、基本は1本の鎖です。これをアミロースといいます。そしてこの1本の鎖が所々でさらに枝分かれしており、結局、巨大な分子（アミロペクチン）を形成しています**（図2.3）**。

➡植物が作った多糖類がデンプン。

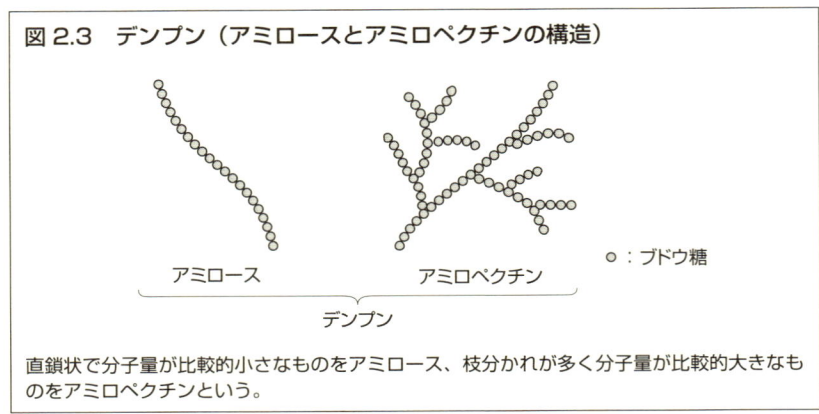

図 2.3 デンプン（アミロースとアミロペクチンの構造）

直鎖状で分子量が比較的小さなものをアミロース、枝分かれが多く分子量が比較的大きなものをアミロペクチンという。

　植物中の生のデンプンは割と密に詰まった構造をしており、これを β デンプンといいます。β デンプンに熱を加えるとデンプン構造内に水分子が侵入してややゆったりした構造に変化します。これを α デンプンといいます。生米が β デンプン、炊いたお米が α デンプンです**（図 2.4）**。

➡ **β デンプンに熱を加えると、消化しやすい α デンプンに変化する。**

　デンプンを分解する酵素をアミラーゼといいます。ヒトのアミラーゼは α デンプンをよく分解しますが、β デンプンはあんまり分解できません。動物によっては β デンプンも分解できるアミラーゼを持っているものもあり、このような動物では種子やイモを生のまま食べても、その中のデンプンを消化できます。

➡ **デンプンを分解する酵素がアミラーゼ。**

　デンプンにヨウ素を加えると、青紫色に変化します。これをヨウ素デンプン反応といいます。デンプンの巨大分子の中にヨウ素分子が入り込んで色を出していると考えられています。単糖類や二糖類はヨウ素に反応しません。

➡ **デンプンにヨウ素を加えると青紫色になる。**

2.1 糖質：基本構造と種類

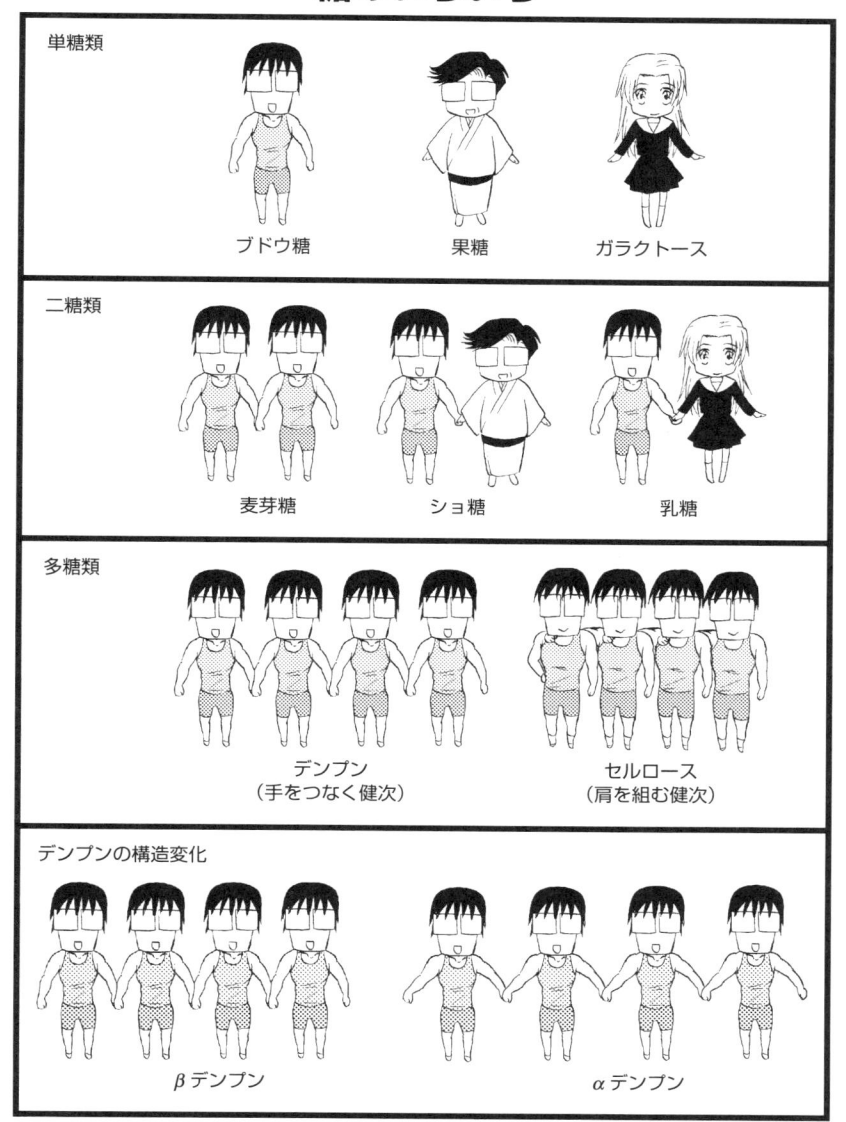

図 2.4　　　　　　**糖のいろいろ**

単糖類			
	ブドウ糖	果糖	ガラクトース

二糖類			
	麦芽糖	ショ糖	乳糖

多糖類

デンプン（手をつなぐ健次）　　　セルロース（肩を組む健次）

デンプンの構造変化

β デンプン　　　　　　　　　　α デンプン

セルロースは堅固な結合。デンプンはややゆるい結合。さらに α デンプンはゆったりした構造をしており、消化されやすい。

27

● グリコーゲン

　グリコーゲンは動物が作った多糖類で、その構造はデンプンによく似ており、やはりブドウ糖が多数結合したものです。グリコーゲンは肝臓や筋肉中に多く含まれ、エネルギー貯蔵の役目を果たしています。グリコーゲンにヨウ素を加えると、弱く反応します。

　➡ **動物が作った多糖類がグリコーゲン。**

● セルロース

　セルロースは植物の細胞壁を構成しており、ブドウ糖（グルコース）の鎖です。しかしデンプン等とは結合のしかたが異なり、デンプンはらせん構造、セルロースは直線状の構造をしています。セルロースは普通のアミラーゼでは分解できません。セルロースを分解できるのはセルラーゼという酵素で、この酵素は通常の動物は持っていません。したがって動物は植物の葉っぱを食べてもその主成分であるセルロースを消化できず、栄養源としては利用できません。草食動物は消化管内にセルラーゼを産生する細菌を持っており、その細菌の働きでセルロースを消化しています。

　なお、おおよそ10個程度以下の糖からなる多糖類をオリゴ糖＊といいます。

　➡ **セルロースも多糖類であるが、ヒトは消化できない。**

E 糖類の化学的性質

　単糖類や二糖類は、一般に水に溶けやすく、甘味をもっています。化学的に見ると、糖は化学的に反応性の高い物質であり、還元性をもっていたり、他の物質と結合しやすい性質があります。酸やアルカリのみならず、アミノ酸（蛋白質）や脂質などとも容易に反応して化合物を作ります。

　たとえば、糖にアミノ基が結合するとアミノ糖といわれるものになり、これが酸と結合して長い鎖を作るとムコ多糖と呼ばれるものになります。ムコとはネバネバした、という意味です。ムコ多糖の例に、コンドロイチン

＊　オリゴ：少ないという意味。

硫酸やヒアルロン酸などがあります。生体内ではこれらはさらに蛋白質と結合して、プロテオグリカンなどと呼ばれる巨大な複合体を作っています。

➡ **糖類は反応性に富む化合物である。**

F 糖質の消化と吸収

　糖質は食物としては多糖類の形で摂取することが多いようです。つまり糖質の消化とは、多糖を単糖になるまで切断することです。この切断は生化学的には加水分解です。たとえば、経口摂取したデンプンは口腔内で唾液のアミラーゼにより、さらに小腸で膵液のアミラーゼにより麦芽糖（マルトース）まで加水分解されます。小腸の細胞は膜表面に二糖類の分解酵素を持っており、その分解酵素マルターゼにより麦芽糖をブドウ糖に加水分解し、そしてただちにこのブドウ糖を吸収しています。ショ糖や乳糖も同様に、小腸細胞表面で単糖に分解されて吸収されます。

　小腸の管腔内では二糖類までしか分解しません。その理由は、ブドウ糖を腸内細菌に横取りされないように、さらに腸内の浸透圧を上げないように、と考えられています。なお、セルロース類はヒトは消化できません。

2.2 脂質：基本構造と種類

A 脂質の種類

　脂質は炭化水素がその構造の基本であり、水に溶けにくく、ベンゼンなどの有機溶媒に溶けやすいといった性質があります。

　代表的な脂質として、まず**中性脂肪**を覚えましょう。中性脂肪は**グリセロール**（**グリセリン**ともいう）に脂肪酸が3個くっついた形をしています（図 2.5）。トリグリセリドとかトリアシルグリセロールともいいます。焼肉の脂身や皮下脂肪も、主成分はこの中性脂肪です。

➡ **中性脂肪は、グリセロールと3個の脂肪酸からなる。**

図 2.5 脂質の基本構造

[脂肪酸とは]

エタン（炭化水素）
$CH_3 - CH_3$ または C_2H_6

$-CH_3$ が $-COOH$ になったものを脂肪酸という

酢酸（脂肪酸の一種）
CH_3COOH または $C_2H_4O_2$

[炭素の命名法]

この炭素は ω もしくは n 番目の炭素という

炭素は、端から順番に 1, 2, 3, …,（最後は n）、もしくは官能基（p.6 参照）の隣から順番に $\alpha, \beta, \gamma, …,$（最後は ω）、という。

[中性脂肪はグリセロールに 3 つの脂肪酸がくっついたもの]

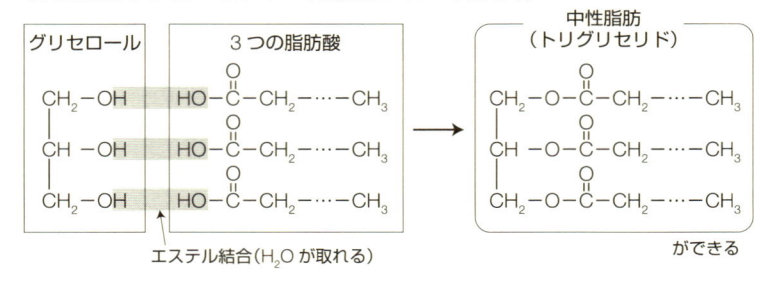

| グリセロール | 3 つの脂肪酸 | 中性脂肪（トリグリセリド） |

エステル結合（H_2O が取れる）

ができる

飽和脂肪酸：$C_nH_{2n+1}COOH$（n は奇数）

炭素間の結合はすべて単結合
水素で飽和されている：飽和脂肪酸

不飽和脂肪酸

炭素間の結合に二重結合を含む。
水素で飽和されていない：不飽和脂肪酸

脂肪酸とは鎖状の炭化水素が、その一端にカルボキシル基（−COOH）を持ったものです。−COOHがあるので酸性です。中性脂肪は、グリセロールのヒドロキシ基（−OH）と脂肪酸のカルボキシル基とがエステル結合をしています。この結合はリパーゼという酵素で切断されます。つまり、中性脂肪の消化酵素はリパーゼです。

➡脂肪の消化酵素はリパーゼ。

B 脂肪酸

炭素の数は通常は偶数です。炭化水素の炭素同士は通常は単結合ですが、鎖の所々に二重結合つまり不飽和部位を持っている場合もあります。すべて単結合のものを**飽和脂肪酸**といいます。

飽和脂肪酸の一般的分子式は

$$C_nH_{2n+1}COOH$$

と表わせます。通常は炭素の総数は偶数なので、この場合の n は奇数ですね。飽和脂肪酸の例に、パルミチン酸（炭素数16）やステアリン酸（炭素数18）などがあります。

炭素間に二重結合をもつと、**不飽和脂肪酸**になります。二重結合を1個持ったオレイン酸、2個持ったリノール酸、3個持ったリノレン酸（いずれも炭素数18）が代表的です。さらに二重結合を4個持ったアラキドン酸、5個持ったエイコサペンタエン酸（EPA）（いずれも炭素数20）、6個持ったドコサヘキサエン酸（DHA）（炭素数22）などもあります**(図 2.5、図 2.6)**。

➡炭素間に二重結合をもつ脂肪酸を不飽和脂肪酸という。

骨格になる複数の炭素に対しては、どの炭素なのかわかるようにするために、端から順番に 1, 2, 3, ……や、官能基の隣から順番に $\alpha, \beta, \gamma,$ ……と呼称することがあります。

炭素の番号はカルボキシル基側から数えます。α-リノレン酸は二重結合が 9, 12, 15 番目の炭素とその次の炭素との間にあります。9, 12, 15 番の炭素に二重結合が出現している、とも表現できます。

一般にカルボキシル基から最も遠い炭素を n 番目の炭素とし、その隣

図 2.6　不飽和脂肪酸

①脂肪酸の炭素名

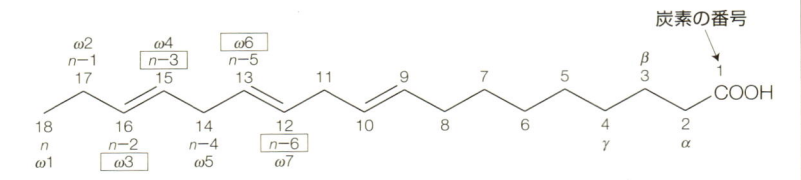

炭素の番号

```
ω2    ω4    ω6
n-1   n-3   n-5
17    15    13    11    9    7    5    β   1
                                       3  COOH
18   16    14    12   10   8    6   4   2
n    n-2   n-4   n-6              γ   α
ω1   ω3    ω5    ω7
```

この図は全トランス形の脂肪酸であり（p.35 参照），各炭素はカルボキシル基の炭素から 1, 2, 3, …, 18 と示す。この場合は $n=18$ となる。
またカルボキシル基の次の炭素から $\alpha, \beta, \gamma, …,$ 最後が ω である。

②$n-3$系、$n-6$系の脂肪酸

名称	構造	炭素数	備考
ステアリン酸	COOH	18	
オレイン酸	9位二重結合 COOH	18	
リノール酸	12, 9 COOH	18	$n-6$系必須*
α-リノレン酸	15, 12, 9 COOH	18	$n-3$系必須*
γ-リノレン酸	12, 9, 6 COOH	18	$n-6$系
アラキドン酸	14, 11, 8, 5 COOH	20	$n-6$系必須*
EPA	17, 14, 8, 5 COOH	20	$n-3$系
DHA	ω3 19, ω6 16, 10, 7, 4 COOH	22	$n-3$系

カルボキシル基から最も遠い二重結合が $n-6$ 番の炭素にあるものを $n-6$ 系, $n-3$ 番にあるものを $n-3$ 系という。
＊必須：必須脂肪酸（p.36 参照）

は $n-1, n-2, n-3,$ ……番目の炭素となります。カルボキシル基から最も遠い二重結合は $n-3$ と $n-2$ 番目の炭素間となり、この位置に二重結合がある脂肪酸を $n-3$ 系といいます。

逆に、カルボキシル基の反対側から逆向きに炭素を数える場合もありま

す。この場合は、最も遠い炭素を ω*1（オメガ）とし、端から順に $\omega 1, \omega 2, \omega 3,$ ……といいます。α-リノレン酸は $\omega 3$ と $\omega 4$ の炭素間に二重結合があるので $\omega 3$ 系ともいいます。$\omega 3$ 系はハイフンを入れて「ω-3」系と表わすこともあります。「$n-3$」はマイナス記号であり、「ω-3」はハイフンなので、両者を混同しないようにしてください。読み方は「n マイナス 3」「オメガ 3」です。「$n-3$」を「エヌスリー」と読むのは誤りなので、気をつけてください。

➡重要な不飽和脂肪酸には $n-3$ 系と $n-6$ 系とがある。

C 不飽和脂肪酸の融点

飽和脂肪酸よりも不飽和脂肪酸のほうが液体になりやすく、その融点*2は低いようです。つまり室温では、一般に飽和脂肪酸は固体ですが、不飽和脂肪酸は液体です。

生物が生きていくときには、その生活温度の範囲内では細胞の内外にある脂肪酸が固まってもらっては困ります。これは動物/植物を問いません。哺乳類や鳥類は恒温動物ですので、36℃前後で液体を保てば OK です。しかし変温動物や植物は環境温度と同じ体温ですので、その環境温度でも固まらない脂肪酸が必要です。ですから一般に植物油や魚油は低温でも固まらない不飽和脂肪酸を多く含んでいます。

北極海や深海の冷たい水に棲んでいる魚は、0℃でも脂肪が固まっては困るので、不飽和脂肪酸を非常に多く含んでいます。逆に熱帯地方、たとえばアマゾン川に棲む魚は不飽和脂肪酸の含有率はそれほど多くはないようです。このように同じ魚油でも、その魚の棲む場所により含有している各種脂肪酸の割合は大きく変わってきます。植物も同様で、一般に寒い地域に生えている植物のほうが不飽和脂肪酸の含有量が高い傾向があるようです。

➡脂肪酸は不飽和結合があると融点が下がる（表 2.2）。

---

*1　ω：ギリシャ文字のアルファベットにおける最後の文字。巻末資料参照。
*2　固体が溶けて液体になる温度のこと。通常は凝固点（液体が固体になる温度）と同じであり、固体と液体になる境目の温度。

表 2.2 脂肪酸分子式

①飽和脂肪酸

炭素数	一般名称	分子式	融点（℃）	水溶性	臭気
1	ギ酸	$HCOOH$	8.4	易溶性	刺激臭
2	酢酸	CH_3COOH	16.7		
3	プロピオン酸	C_2H_5COOH	-21.5		
4	酪酸（ブチリル酸）	C_3H_7COOH	-7.9		不快臭
5	吉草酸（バレリン酸）	C_4H_9COOH	-34.5	難溶性	
6	カプロン酸	$C_5H_{11}COOH$	-3.4		
8	カプリル酸	$C_7H_{15}COOH$	16.7		
10	カプリン酸	$C_9H_{19}COOH$	31.4		
12	ラウリン酸	$C_{11}H_{23}COOH$	43.5		無臭
14	ミリスチン酸	$C_{13}H_{27}COOH$	53.9		
16	パルミチン酸	$C_{15}H_{31}COOH$	63.1	不溶性	
18	ステアリン酸	$C_{17}H_{35}COOH$	69.6		
20	アラキジン酸	$C_{19}H_{39}COOH$	75.5		
22	ベヘン酸	$C_{21}H_{43}COOH$	81.5		
24	リグノセリン酸	$C_{23}H_{47}COOH$	84.2		

②不飽和脂肪酸

炭素数	二重結合数	一般名称	分子式	融点（℃）
16	1	パルミトレイン酸	$C_{15}H_{29}COOH$	$-0.5 \sim 0.5$
18	1	オレイン酸	$C_{17}H_{33}COOH$	13.4
18	2	リノール酸	$C_{17}H_{31}COOH$	-9
18	3	α-リノレン酸	$C_{17}H_{29}COOH$	-11
20	4	アラキドン酸	$C_{19}H_{31}COOH$	-49.5
20	5	エイコサペンタエン酸（EPA）	$C_{19}H_{19}COOH$	-54
22	5	イワシ酸	$C_{21}H_{33}COOH$	-78
22	6	ドコサヘキサエン酸（DHA）	$C_{23}H_{31}COOH$	-44

D シス形とトランス形

　通常の二重結合はシス形と呼ばれる結合をします。炭化水素鎖の構造を見ると、通常の飽和脂肪酸では直線状で、シス形の二重結合があると、その部で大きく曲がってしまいます（**図 2.7**）。

　ここで3次元的に立体構造を考えてみましょう。共有結合の軸は、その軸を中心に回転できる性質をもっています。飽和脂肪酸は直線状であり炭素軸が回転してもその立体構造は変わりません。しかし不飽和脂肪酸では二重結合の屈曲部より先は回転することによって円錐状の空間を動くことになり、近くの別の分子に当たったりします（**図 2.8**）。分子の安定性の面から見ると、直線状の飽和脂肪酸は安定であり、屈曲部を持った不飽和脂肪酸は不安定です。一般に安定な分子は流動性に乏しく固体になりやすく、不安定な分子は流動性に富んで液体（や気体）の状態を保とうとします。したがって飽和脂肪酸は融点が高く室温で固体、不飽和脂肪酸は融点が低くなり室温で液体のものが多くなります。

　ところが二重結合の中にはトランス形と呼ばれる結合方式もあります。トランス形で結合した脂肪酸はその二重結合部は直線状で、飽和脂肪酸とよく似た動態をとります。その結果、トランス形不飽和脂肪酸は流動性に乏しく融点は高くなります。マーガリンの材料は室温では液体の植物油ですが、シス形の不飽和脂肪酸を飽和脂肪酸に変えるなどの人工的操作を加え（他の操作もいろいろありますが）、室温で固化する性質を持たせています。

図 2.7　シス形とトランス形

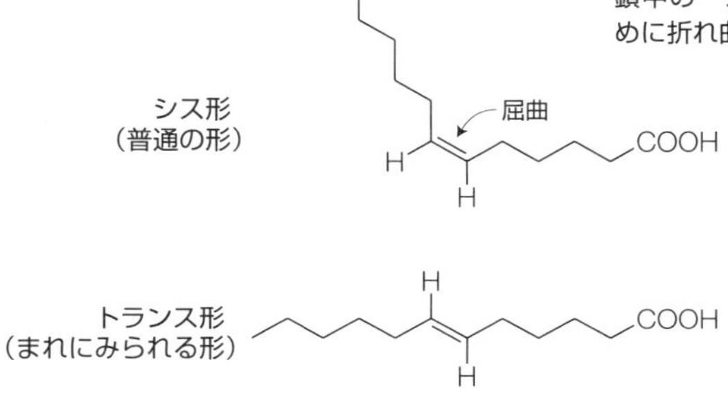

シス形（普通の形）　屈曲

トランス形（まれにみられる形）

不飽和脂肪酸の炭化水素鎖は、鎖中の"シス"二重結合のために折れ曲がっている。
"シス"二重結合部分の構造式は、図 2.6 のように台形的に表記することが多い。

図2.8

３人で回転

【中性脂肪】

トランス形不飽和脂肪酸

シス形不飽和脂肪酸

バレエで足を上げたまま回転すると隣とぶつかります。シス形の不飽和脂肪酸も回転すると隣とぶつかってしまうなど立体構造がいびつとなり、この中性脂肪は固体になりにくくなります。

E 必須脂肪酸

　体内で合成できない脂肪酸を必須脂肪酸といいます。たとえばα-リノレン酸（n-3系）は必須脂肪酸ですが、EPAやDHAは必須脂肪酸ではありません。しかし実はEPAやDHAはα-リノレン酸を材料にして合成しているのです。n-3系の不飽和脂肪酸は魚油や植物油に多く含まれています。しかし魚類も自分だけでn-3系脂肪酸を最初から合成することはできず、その材料は植物プランクトンに含まれているn-3系脂肪酸から得ています。食物連鎖の深遠さをぜひ感じ取って下さい。

　さらに栄養学的に見ると、ヒトの場合、確かにEPAやDHAをα-リノ

レン酸から体内で合成することはできますが、その合成量だけでは必要量を満たすことはできないのです。ですから実際には EPA や DHA は食事として摂取することが重要となります。生化学的に作られるということが、栄養学的に充足するとは限らないのです。

F 中性脂肪の消化と吸収

　中性脂肪はそのままでは水と混ざりません。消化酵素は水中に存在しているので、単純に脂肪と酵素液とを混合しても、脂肪に酵素が作用しにくいのです。さて、話がちょっとそれますが、手が油で汚れた場合、石けんで洗うと、油は小さな油滴になり水と混ざり、除去できます。これは石けんに親水性部位と疎水性部位とがあるからです。胆汁に含まれる胆汁酸（→ p.86）などにも石けんと同様な作用があり、食物中の脂肪を小さな脂肪滴にして消化酵素が作用しやすくします。このような状況で、膵臓から分泌されるリパーゼがうまく作用して、食物中の中性脂肪から脂肪酸が切り離されていきます。

　中性脂肪はグリセロールに脂肪酸が3個くっついたトリアシルグリセロール（トリは3という意味）ですが、小腸でリパーゼの作用により脂肪酸が2個はずれたモノアシルグリセロール（モノは1という意味）と遊離脂肪酸の形で小腸の細胞に吸収されます。吸収されたモノアシルグリセロールと脂肪酸は、小腸細胞内でトリアシルグリセロールに再構成されます。なおリパーゼを生化学的に説明すると、エステル結合を切断する加水分解酵素とも言えます。

このように、脂肪の消化に直接働いているのは、膵臓から分泌されるリパーゼです。大量の脂肪摂取の場合は膵臓にも負担がかかります。また胆汁はそれ自身は消化酵素を含んでいませんが、脂肪の消化吸収には重要な役割を演じています。

2.3 アミノ酸と蛋白質

A アミノ酸の基本構造

アミノ酸は蛋白質を作る基本物質です。1個の炭素を中心に、その4本の腕に、アミノ基（$-NH_2$）とカルボキシル基（$-COOH$）と水素（$-H$）とややこしい化合物（側鎖といいます）とを結合しています **（図2.9）**

図2.9　アミノ酸の基本構造

$$NH_2-CH-COOH$$
$$|$$
$$側鎖$$

これはD型の表わし方です。

中心にある炭素の4本の腕には、それぞれ異なるものが結合しているので、この炭素を中心に2種類の光学異性体（L型とD型）が存在します。通常のアミノ酸はすべてL型です。実は**図2.9**の表記法はD型のアミノ酸を示しているのですが、本書ではあえてこの記載方法で押し通します。

➡アミノ酸はアミノ基とカルボキシル基と側鎖を持っている。

B アミノ酸の種類

側鎖の種類は基本的には20個です。つまり20種類のアミノ酸が存在します。この20種類のアミノ酸は、側鎖がちがうだけで、それ以外の部分（$NH_2-CH-COOH$ という骨組み）はすべて共通です。この20種類のアミ

ノ酸の生化学的性質は、側鎖の違いにより決まります。たとえば側鎖にカルボン酸を含んでいたり、ベンゼン環を持っていたりすると、それぞれ特有の性質を示します。しかしそれらはどんな性質か、といった個々のアミノ酸の具体的な構造や特徴は多彩すぎるので、今回はちょっと触れるだけにとどめておきます。現時点ではアミノ酸には20種類あり、それは側鎖の違いによる、ということだけ理解しておけばいいでしょう。なお体内に存在するアミノ酸の種類は、この20種に加え、これらの構造が微妙に変化したアミノ酸も存在するので、実際にはこの20種類よりは少し多くなります。でも基本は**表2.3**（p.44）の20種類です。

　20種類のアミノ酸にはそれぞれ名前が付いています。さらに略号も決まっています。略号は3文字法と1文字法とがあります。

　ヒトは体内で合成できるアミノ酸と合成できないアミノ酸があります。合成できないアミノ酸は食事によって摂取する必要があり、これを必須アミノ酸といいます。必須アミノ酸は9種あります。

➡**アミノ酸には20種類あり、それは側鎖の違いによる**（42ページ「アミノ酸の構造式のポイント」参照）。

C 必須アミノ酸

　体内で合成できないアミノ酸を必須アミノ酸といいます。ヒトの場合は9種類になっており、これらは食事により摂取する必要があります（**表2.3**参照）。

　必須アミノ酸の摂取基準量は決められていますが、実際には非必須アミノ酸も摂取するので、その量により必須アミノ酸の必要量も変わってきます。たとえば、フェニルアラニンは必須アミノ酸ですが、チロシンは必須アミノ酸ではありません。これはチロシンはフェニルアラニンを材料にして作ることができるからです。したがってチロシンをまったく摂取しない場合はフェニルアラニンの必要量は多くなりますし、チロシンの摂取量が十分あればフェニルアラニンの必要量は少なくてすみます。

図2.10 アミノ酸の構造式

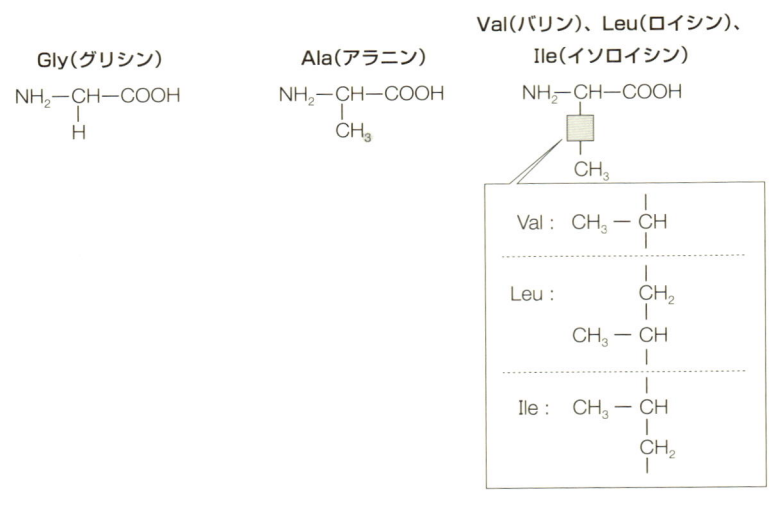

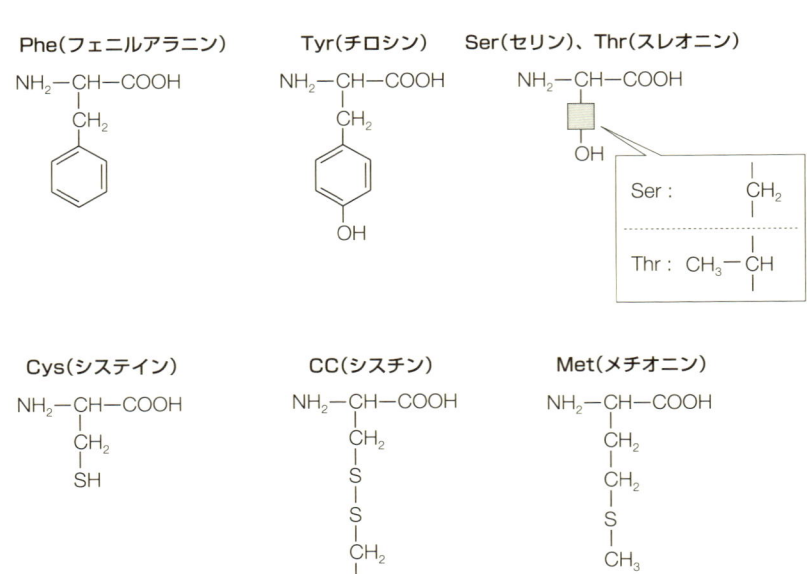

Gly(グリシン)
NH₂—CH—COOH
     |
     H

Ala(アラニン)
NH₂—CH—COOH
     |
     CH₃

Val(バリン)、Leu(ロイシン)、Ile(イソロイシン)
NH₂—CH—COOH
     |
     □
     |
     CH₃

Val :　CH₃—CH

Leu :　　　　　CH₂
　　　　CH₃—CH

Ile :　CH₃—CH
　　　　　　CH₂

Phe(フェニルアラニン)
NH₂—CH—COOH
     |
     CH₂
     |
     (ベンゼン環)

Tyr(チロシン)
NH₂—CH—COOH
     |
     CH₂
     |
     (ベンゼン環)—OH

Ser(セリン)、Thr(スレオニン)
NH₂—CH—COOH
     |
     □
     |
     OH

Ser :　　　CH₂

Thr :　CH₃—CH

Cys(システイン)
NH₂—CH—COOH
     |
     CH₂
     |
     SH

CC(シスチン)
NH₂—CH—COOH
     |
     CH₂
     |
     S
     |
     S
     |
     CH₂
     |
HOOC—CH—NH₂

Met(メチオニン)
NH₂—CH—COOH
     |
     CH₂
     |
     CH₂
     |
     S
     |
     CH₃

Asp(アスパラギン酸)、Glu(グルタミン酸)

```
NH₂—CH—COOH
       |
       □
       |
      COOH
```

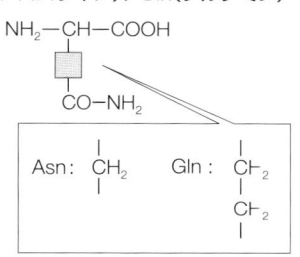

Asp: —CH₂—
Glu: —CH₂—CH₂—

Asn(アスパラギン)、Gln(グルタミン)

```
NH₂—CH—COOH
       |
       □
       |
    CO—NH₂
```

Asn: —CH₂—
Gln: —CH₂—CH₂—

Lys(リシン)

```
NH₂—CH—COOH
       |
      CH₂
       |
      CH₂
       |
      CH₂
       |
      CH₂
       |
      NH₂
```

Arg(アルギニン)

```
NH₂—CH—COOH
       |
      CH₂
       |
      CH₂
       |
      CH₂
       |
      NH
       |
NH₂—C
      ‖
      NH
```

His(ヒスチジン)

```
NH₂—CH—COOH
       |
      CH₂
       |
   (imidazole: HN—N)
```

Trp(トリプトファン)

```
NH₂—CH—COOH
       |
      CH₂
       |
   (indole ring, NH)
```

Pro(プロリン)

```
HN—CH—COOH
 \     /
  (pyrrolidine ring)
```

Hyp(ヒドロキシプロリン)

```
HN—CH—COOH
 \     /
  (pyrrolidine ring with OH)
```

アミノ酸の構造式のポイント ← 覚え方のコツ

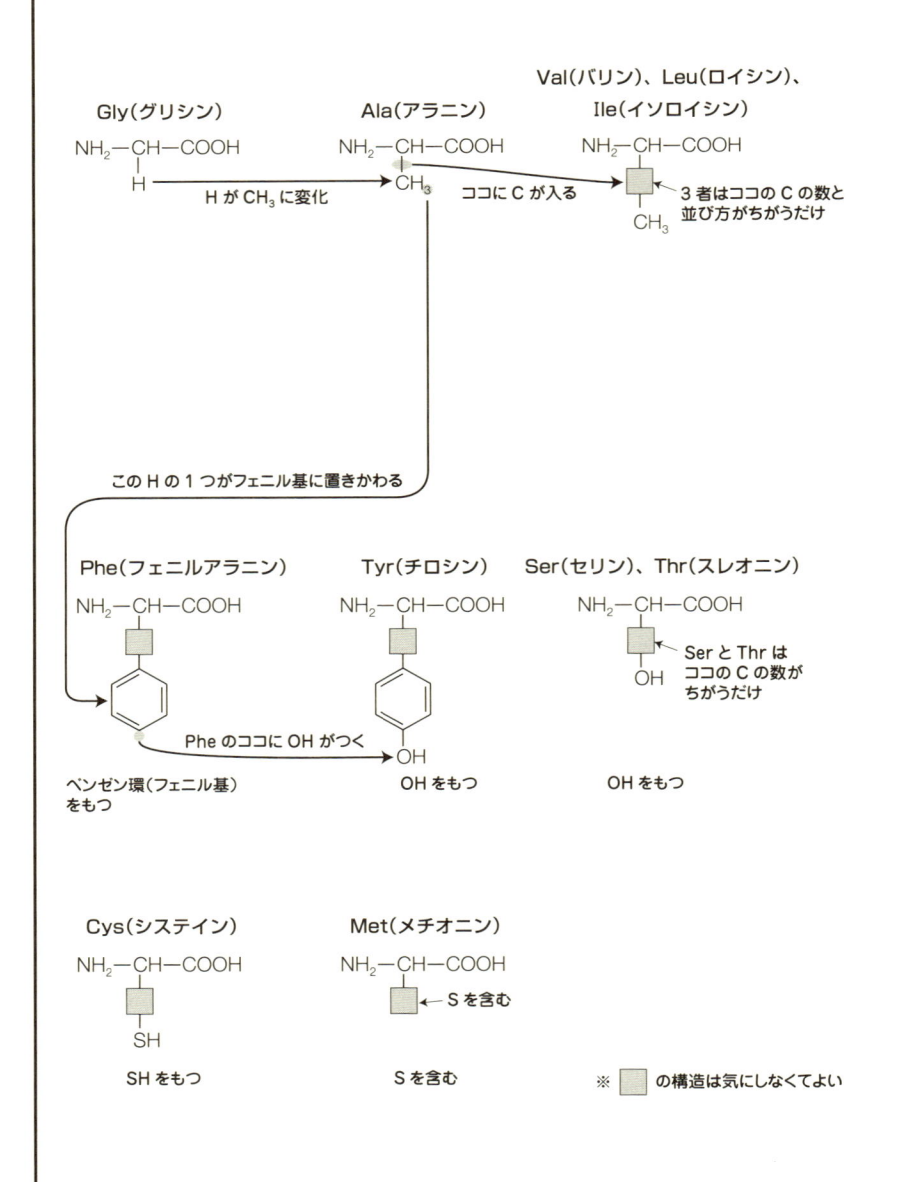

Gly(グリシン)
NH₂―CH―COOH
　　　|
　　　H

→ H が CH₃ に変化 →

Ala(アラニン)
NH₂―CH―COOH
　　　|
　　　CH₃

ココに C が入る →

Val(バリン)、Leu(ロイシン)、Ile(イソロイシン)
NH₂―CH―COOH
　　　|
　　　□
　　　|
　　　CH₃

3者はココの C の数と並び方がちがうだけ

このHの1つがフェニル基に置きかわる

Phe(フェニルアラニン)
NH₂―CH―COOH
　　　|
　　　□
　　　|
　　（ベンゼン環）

Phe のココに OH がつく →

Tyr(チロシン)
NH₂―CH―COOH
　　　|
　　　□
　　　|
　　（ベンゼン環）
　　　|
　　　OH

Ser(セリン)、Thr(スレオニン)
NH₂―CH―COOH
　　　|
　　　□
　　　|
　　　OH

Ser と Thr はココの C の数がちがうだけ

ベンゼン環(フェニル基)をもつ　　OH をもつ　　OH をもつ

Cys(システイン)
NH₂―CH―COOH
　　　|
　　　□
　　　|
　　　SH

Met(メチオニン)
NH₂―CH―COOH
　　　|
　　　□　← S を含む

SH をもつ　　S を含む　　※ □ の構造は気にしなくてよい

2.3 アミノ酸と蛋白質

Asp（アスパラギン酸）、Glu（グルタミン酸）

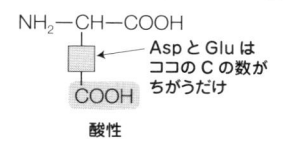

NH₂—CH—COOH
　　　｜
　　　□ ← AspとGluはココのCの数がちがうだけ
　　　｜
　　COOH

酸性

Asn（アスパラギン）、Gln（グルタミン）

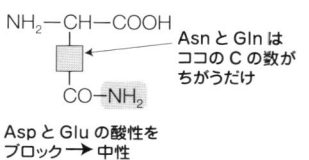

NH₂—CH—COOH
　　　｜
　　　□ ← AsnとGlnはココのCの数がちがうだけ
　　　｜
　　CO—NH₂

AspとGluの酸性をブロック → 中性

Lys（リシン）、Arg（アルギニン）、His（ヒスチジン）

NH₂—CH—COOH
　　　｜
　　　□
　　　｜
　NH₂ もしくは NH₂ によく似た構造

アルカリ性

Trp（トリプトファン）

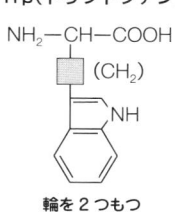

NH₂—CH—COOH
　　　｜
　　　□（CH₂）
　　　｜
　　インドール環（NH含む）

輪を2つもつ

Pro（プロリン）

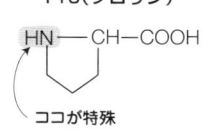

HN—CH—COOH
（環状構造）

ココが特殊

表2.3 アミノ酸の種類

種類	3文字略号	1文字略号	分類、おもな特徴
グリシン	Gly	G	側鎖が-H
アラニン	Ala	A	側鎖が$-CH_3$、疎水性
バリン*	Val	V	分岐鎖アミノ酸、疎水性
ロイシン*	Leu	L	分岐鎖アミノ酸、疎水性
イソロイシン*	Ile	I	分岐鎖アミノ酸、疎水性
セリン	Ser	S	-OHを持つ
スレオニン*	Thr	T	-OHを持つ
プロリン	Pro	P	イミノ基(NH=)を持つ、疎水性
フェニルアラニン*	Phe	F	芳香族アミノ酸、疎水性
チロシン	Tyr	Y	芳香族アミノ酸、-OHを持つ
トリプトファン*	Trp	W	芳香族アミノ酸、疎水性
システイン	Cys	C	含硫アミノ酸、イオウを含む
メチオニン*	Met	M	含硫アミノ酸、イオウを含む、疎水性
アスパラギン酸	Asp	D	酸性、-COOHを持つ
アスパラギン	Asn	N	Aspのアミド、中性
グルタミン酸	Glu	E	酸性、-COOHを持つ
グルタミン	Gln	Q	Gluのアミド、中性
アルギニン	Arg	R	塩基性
リシン*	Lys	K	塩基性
ヒスチジン*	His	H	塩基性

*ヒトの必須アミノ酸

D 等電点

　アミノ酸はアミノ基とカルボキシル基とを必ず持っているので、アルカリ性の性質と酸性の性質の両者をもち、溶液のpHによってそのどちらかが強く現われてきます。アルカリ性と酸性の性質がちょうど半々でつり合ったときの溶液のpHを等電点(pI)といいます。等電点ではアミノ酸は中性の性質を示します。

等電点は酸性アミノ酸は酸性側に、塩基性アミノ酸はアルカリ性側に、そしてそれ以外のアミノ酸はおおよそ中性付近にあります。蛋白質にも等電点が存在します。当然ながら酸性アミノ酸を多く含む蛋白質の等電点は酸性側あり、塩基性アミノ酸を多く含む場合はその逆となります。

➡アミノ酸や蛋白質には等電点が存在する。

E ペプチド結合

アミノ酸はアミノ基とカルボキシル基を必ず持っているため、2個のアミノ酸は結合することができます。これをペプチド結合といい、水（HとOH）が取れて結合します（**図 2.11**）。ペプチド結合はアミド結合の一種です。

なお、逆に見ると、このペプチド結合は水を加えながら割と容易に切断することができます。これを加水分解（p.11）といいます。

ペプチド結合を行うと、アミノ酸を鎖のように次々につなぐことができます。連なったアミノ酸の鎖をペプチドといいます。2個のアミノ酸が結合するとジペプチド、3個ならトリペプチドです。構成アミノ酸数が10個程度以下のペプチドをオリゴペプチド、多いものをポリペプチド、非常に多いもの（おおよそ100個以上）を蛋白質と呼んでいますが、この区別

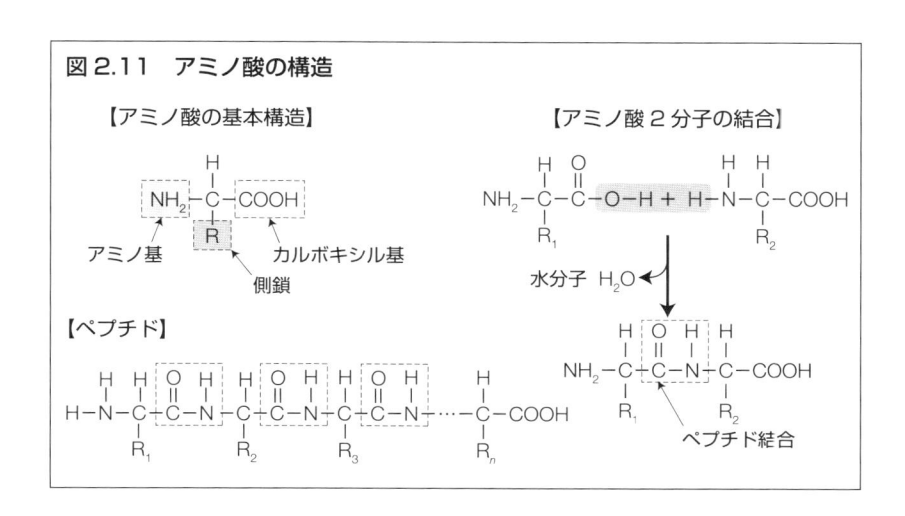

図 2.11　アミノ酸の構造

は厳密なものではありません。

側鎖にもアミノ基やカルボキシル基が存在することがありますが、こちらには通常は別のアミノ酸がペプチド結合することはありません。ですからペプチドというものは1本の鎖であり、枝分かれはありません。

ペプチドは1本の鎖なので、その両端には必ずむき出しのアミノ基とカルボキシル基が1つずつ存在します。これをN末端（アミノ末端）とC末端（カルボキシル末端）といい、ペプチドを記載するときは、通常N末端を左側に、C末端を右側に書きます。

➡アミノ酸がペプチド結合で鎖状に連なったものをペプチドという。

F 蛋白質の一次構造

ペプチドの表し方をテトラ*ペプチドを例にして説明します。N末端側から**グリシン–アラニン–バリン–ロイシン**という場合は、通常は略号を使うので、

　　Gly–Ala–Val–Leu　とか　GAVL

などと示します（**表2.3参照**）。前者が3文字略号、後者が1文字略号です。このようにペプチドの構成アミノ酸を順次示したものを、アミノ酸配列といいます。

アミノ酸には20種類あり、これらが連なって1本の鎖を形成しています。テトラペプチドなら、その種類は20の4乗（16万）種類のペプチドが存在するわけです。これが100個のアミノ酸からなる蛋白質になると、そのアミノ酸配列の種類は天文学的数値（20の100乗個）になってしまいます。このように20種類のアミノ酸を自由に組み合わせてつないでいけば、いろんな蛋白質を作り出すことができるわけです。これが蛋白質の多様性のしくみです（**図2.12**）。

このように蛋白質はアミノ酸が一列に並んだ鎖ですが、このアミノ酸配列の順番を蛋白質の一次構造といいます。

➡アミノ酸の配列順序が一次構造。

＊　4という意味。巻末資料（→ p.160）参照。

図 2.12　蛋白質の多様性のしくみ

> 日本語はひらがな50文字の羅列ですべての言葉を表している

> 50種類で何でも表すことができるんだよね

> 英語もアルファベット26文字で、すべての言葉を表してるわね

> アミノ酸も20種類あるからいろんな蛋白質をつくれるねぇ

> ワン……

> あつい……

G システインとシスチン

　システイン（Cys）はSH-（チオール基）を持っており、これは別のもう1個のシステインのSH-と結合することができます。結合の方法は共有結合で非常に強固な結合です。2個のSH-のイオウ（S）同士が結合するのでS-S結合（別名ジスルフィド結合）と呼びます。このようにして2個のシステインがS-S結合したものをシスチンといいます。

　シスチンを含むペプチドの例としてソマトスタチン*というホルモンのアミノ酸配列を示します（**図 2.13**）。

　➡ 2個のシステインがS-S結合したものがシスチン。

---

*　ソマトスタチン：膵臓などから分泌されるホルモンで、他のホルモンの分泌抑制作用などがある。

図2.13　S-S結合

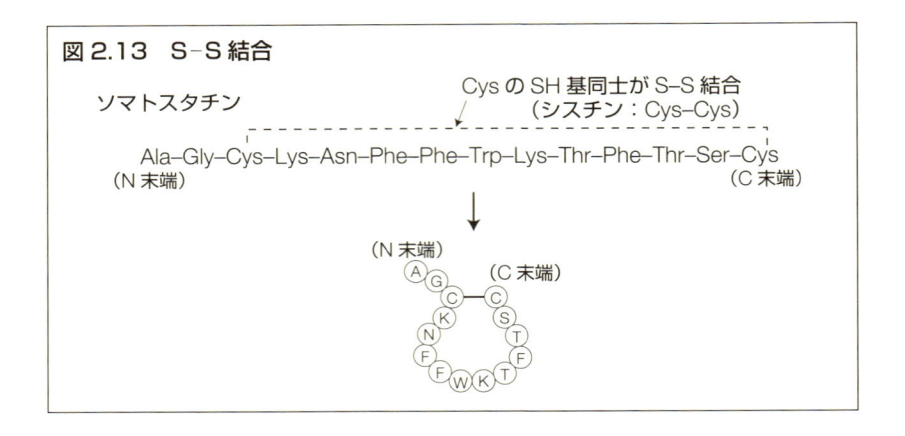

ソマトスタチン　　　　　　　CysのSH基同士がS-S結合
　　　　　　　　　　　　　　　　（シスチン：Cys–Cys）

Ala–Gly–Cys–Lys–Asn–Phe–Phe–Trp–Lys–Thr–Phe–Thr–Ser–Cys
（N末端）　　　　　　　　　　　　　　　　　　　　　　　（C末端）

H　蛋白質の高次構造

　アミノ酸にはそれぞれ側鎖がついています。側鎖にはイオンだったり疎水性を持ったものなどがあり、近隣の側鎖同士はその性質によりお互いに近づこうとしたり離れようとしたりします。

　このような側鎖の力により、ペプチド鎖はある決まった立体構造をとるようになります。たとえば部分的にらせん状になったり、屏風状になったりします。これはおもに側鎖同士の水素結合の力によるもので、前者のらせんをαヘリックス、後者の屏風をβシートといい、両者を二次構造といいます。

　実際の蛋白質は、S-S結合だけでなく、部分部分でαヘリックスを作ったりβシートを作ったり、さらにはランダムな構造をとったりと、その立体構造は非常に複雑となります。この三次元の立体構造を三次構造といいます。

　ヘモグロビンのような蛋白質は、4本のペプチドが集合して1つの大きな機能的蛋白質を形成しています。このように複数のペプチド鎖からなる蛋白質の全体の立体構造のことを四次構造と呼んでいます（**図2.14**、**図2.15**）。

　これらの高次構造は、熱や強酸・強アルカリなどで崩れてしまいます。この現象を変性といいます。卵白（主成分はオボアルブミンという蛋白質）

図2.14 蛋白質の高次構造

二次構造
らせん構造（αヘリックス）　←水素結合
ジグザグ構造（βシート）

三次構造
ミオグロビン　←ヘム

四次構造
ヘモグロビン　←ヘム

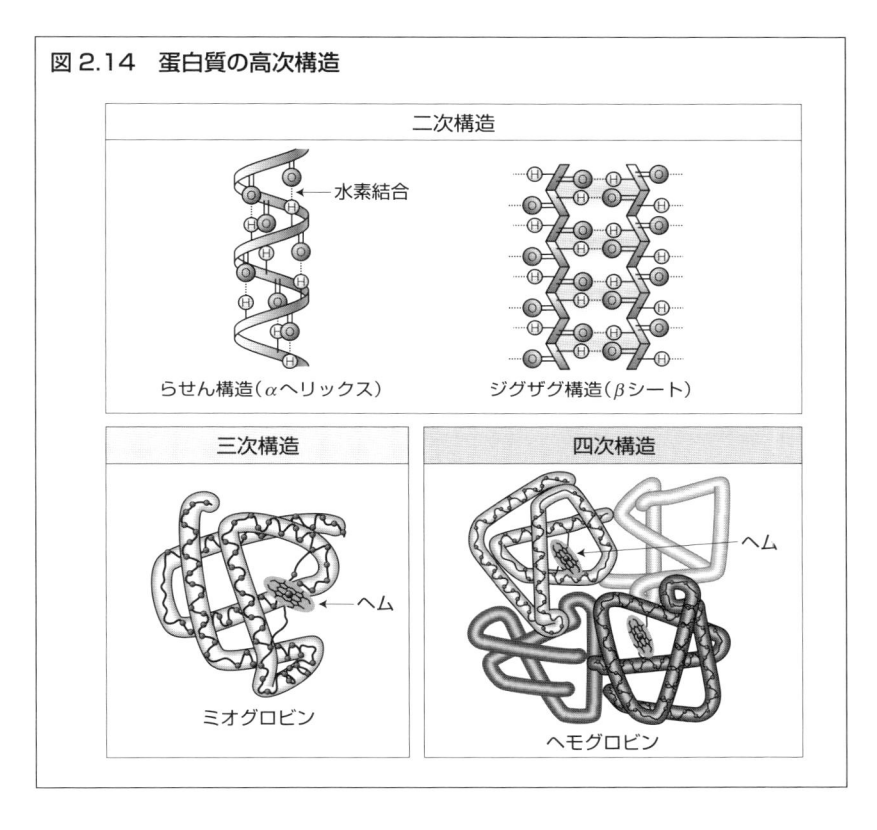

が熱で凝固してしまうのは、変性の代表例です。蛋白質がその機能を発揮するには、高次構造を安定して保つ必要があります。なお、蛋白質の高次構造は、そのアミノ酸配列つまり一次構造で、ある程度決まってしまうようです。

➡蛋白質は高次構造を保つことにより、その機能を発揮している。

Ⅰ 蛋白質の種類

　蛋白質はその成分によって大きく2つに分けられます。1つは、ほぼアミノ酸だけからできており、アミノ酸以外の物質をほとんど含んでいないもの、これを単純蛋白質といいます。もう1つは、アミノ酸に加え糖や脂質などを含んでいるもの、これを複合蛋白質といいます。

図2.15　蛋白質の立体構造

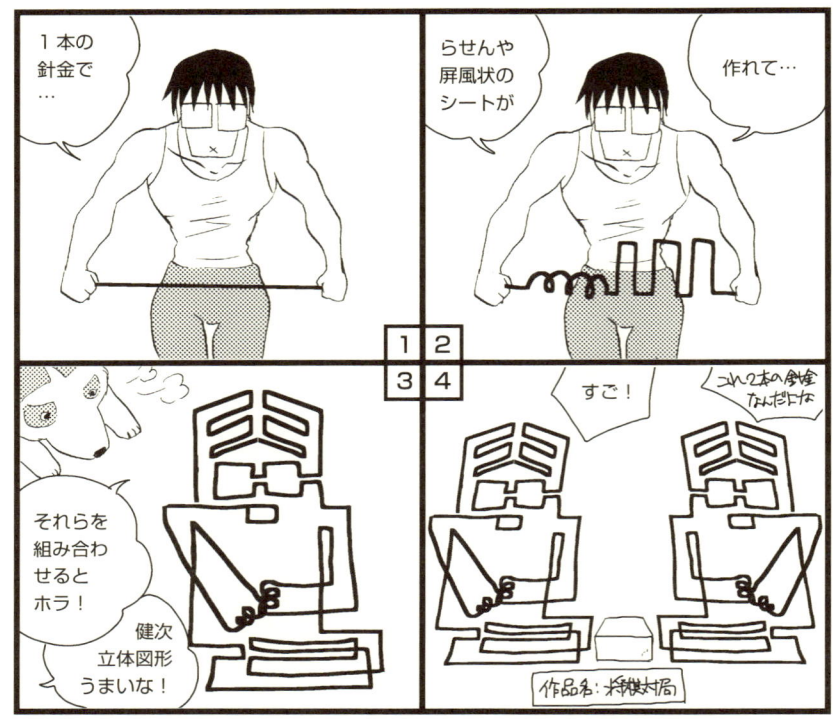

蛋白質のアミノ酸配列を一次構造、αヘリックスとβシートを二次構造、立体構造を三次構造、そして複数のペプチドによる組み合わせを四次構造という。マンガでは健次が、1コマ目で一次構造、2コマ目で二次構造、3コマ目で三次構造、4コマ目で四次構造の作品を作っている。もともとの針金を切ったり、つないだりしていないところに注目。

　単純蛋白質の例に、アルブミンとグロブリンとがあります。どちらも蛋白質のグループ名で、アルブミンとは水にとてもよく溶ける蛋白質のグループ名、グロブリンは水にそれなりによく溶ける蛋白質のグループ名です。アルブミンに属する蛋白質の例に血清アルブミンやオボアルブミンが、グロブリンに属する蛋白質の例に免疫グロブリン（抗体）があります。

　複合蛋白質の例には、糖質と結合した糖蛋白質、脂質と結合したリポ蛋白質などがあります。

➡**アルブミンとグロブリンは可溶性の単純蛋白質である。**

J 蛋白質の機能

蛋白質の分類法には、成分で分類する方法以外にもいろいろなやり方があります。**表 2.4** に蛋白質の機能で分けた一例を示します。ほとんどの蛋白質は生体反応に直接的・間接的に関わっていることを実感してください。

蛋白質は生体内ではさまざまな働きをしていますが、その中でも大きな 2 つの働きがあります。1 つは構造物として生体を支えています。この例として皮膚などの結合組織の主成分であるコラーゲンがあります。もう 1 つは生体の機能の調節です。代謝の調節といってもいいです。この例の代表が酵素です。酵素は化学反応の触媒としてさまざまな生体反応の調節をしています。酵素の詳細は第 6 章であらためてご説明します。

➡蛋白質は生体の構造と機能に重要（表 2.4）。

表 2.4 蛋白質の分類（機能で分けた分類）

種類	例	おもな機能	機能発現のためのおもな作用
構造蛋白	コラーゲン	結合組織の主成分	細胞・組織の固定 血液凝固反応もおこす
酵素蛋白	トリプシン	蛋白質の分解	ペプチド鎖を切断する
受容体蛋白	インスリン受容体	血糖値を下げる	リン酸化反応をおこす
調節蛋白	インスリン	血糖値を下げる	インスリン受容体と結合する
運動蛋白	ミオシン	筋収縮	筋線維長の短縮 ATP を分解する
防御蛋白	免疫グロブリン	病原体の無毒化	病原体と結合する
輸送蛋白	ヘモグロビン	酸素の運搬	酸素と結合する
貯蔵蛋白	オボアルブミン	栄養として貯蔵	卵白の主成分

蛋白質の分類法には、これ以外にもいろいろなやり方がある。

K 蛋白質の消化と吸収

蛋白質は蛋白質分解酵素により、アミノ酸にまで加水分解されてから吸収されます。蛋白質分解酵素はプロテアーゼやペプチダーゼともいいます。特定のプロテアーゼには名称がついています。胃液中のペプシンや、膵液

中のトリプシンやキモトリプシンなどが有名ですが、これら以外にも消化管には多種類の蛋白質分解酵素が存在しています。

教科書的には、蛋白質は1個1個のアミノ酸にまで分解されてから吸収されることになっています。しかし実際には、アミノ酸数2〜3個のジペプチドやトリペプチドの形でも結構吸収されているようです。

2.4 核酸：基本構造と種類

核酸は遺伝のしくみなどに深くかかわっている物質で、その代表がDNA（デオキシリボ核酸）とRNA（リボ核酸）です。

A 核酸の成分

まず核酸の主成分は、塩基*と糖とリン酸です。塩基と糖がくっついたものを**ヌクレオシド**、ヌクレオシドにリン酸がくっついたものを**ヌクレオチド**といいます（図2.16）。

塩基にはプリンとピリミジンというグループがあり、プリンのグループにはアデニン（A）とグアニン（G）が、ピリミジンのグループにはシトシン（C）・チミン（T）・ウラシル（U）があります。カッコ内は略号です（表2.5、図2.17）。また、アデニンやグアニンの代謝過程でできるヒポキサンチンというプリンもあります。

糖は五炭糖（ペントース）であり、リボース（$C_5H_{10}O_5$）と、リボースからOが1個とれたデオキシリボース（$C_5H_{10}O_4$）とがあります。リン酸はリン酸ですね。DNAは糖はデオキシリボース、ピリミジンにはCとTを持っています。RNAは糖はリボース、ピリミジンにはCとUを持っています。AとGはDNAにもRNAにも共通です（表2.5）。

➡**核酸の主成分は、塩基と糖とリン酸。**

---

* 塩基：水に溶けてアルカリ性を示すもの。

図2.16 核酸の基本構造

ヌクレオシドとヌクレオチドの基本構造図

- ヌクレオシド　　　　　　　　糖 ― 塩基
- ヌクレオチド　　リン酸 ― 糖 ― 塩基

（糖：リボース または デオキシリボース（いずれも五炭糖）、塩基：ピリミジン塩基 または プリン塩基）

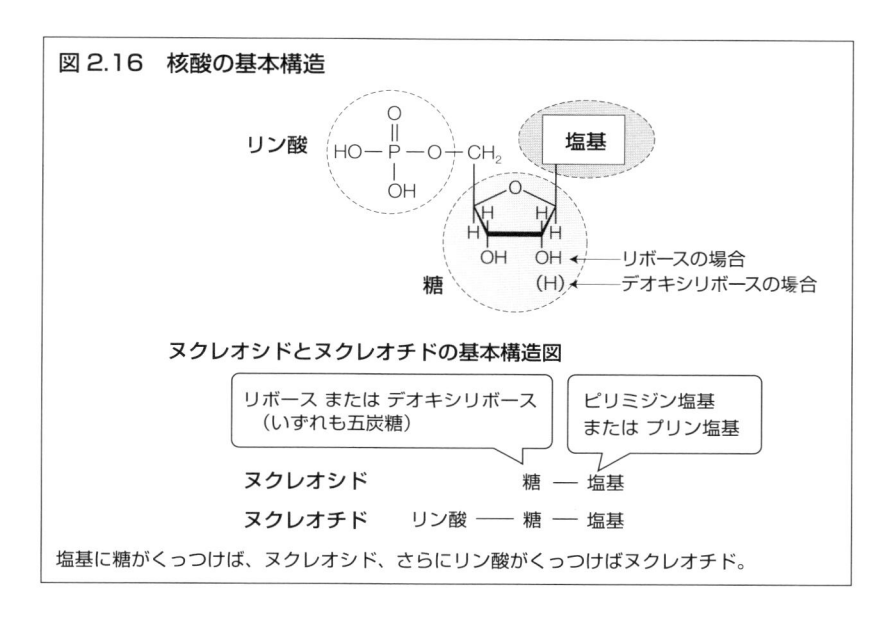

塩基に糖がくっつけば、ヌクレオシド、さらにリン酸がくっつけばヌクレオチド。

表2.5 塩基とヌクレオシド・ヌクレオチドとの関係

	塩基（略号）	RNAの成分	DNAの成分	ヌクレオシド	ヌクレオチド
プリン塩基	アデニン（A）	○	○	アデノシン	AMP、アデニル酸
	グアニン（G）	○	○	グアノシン	GMP、グアニル酸
	ヒポキサンチン*			イノシン	IMP、イノシン酸
ピリミジン塩基	シトシン（C）	○	○	シチジン	CMP、シチジル酸
	チミン（T）		○	チミジン**	TMP**、チミジル酸**
	ウラシル（U）	○		ウリジン	UMP、ウリジル酸

＊核酸の代謝途中で生成される。
＊＊糖はデオキシリボース

B 核酸の基本構造

ヌクレオチドにはリン酸が1個くっついていて、塩基がアデニンの場合はアデニル酸、アデノシン一リン酸、AMPなどといいます。

➡ 3段活用：塩基→ヌクレオシド→ヌクレオチド

図 2.17　核酸の主成分–塩基

①ピリミジン塩基の基本骨格

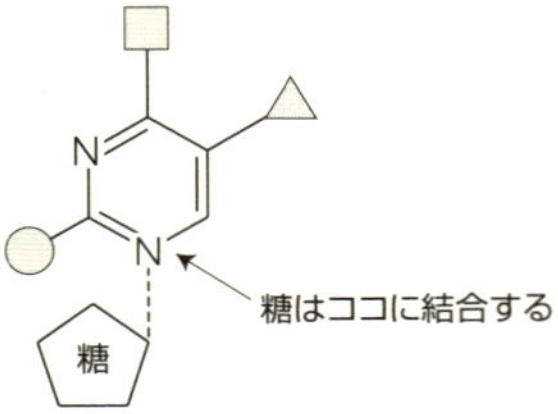

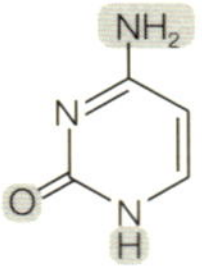

糖はココに結合する

シトシン 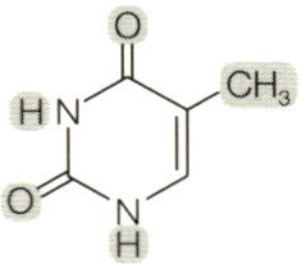　　　チミン 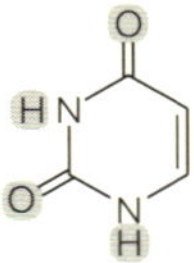　　　ウラシル

②プリン塩基の基本骨格

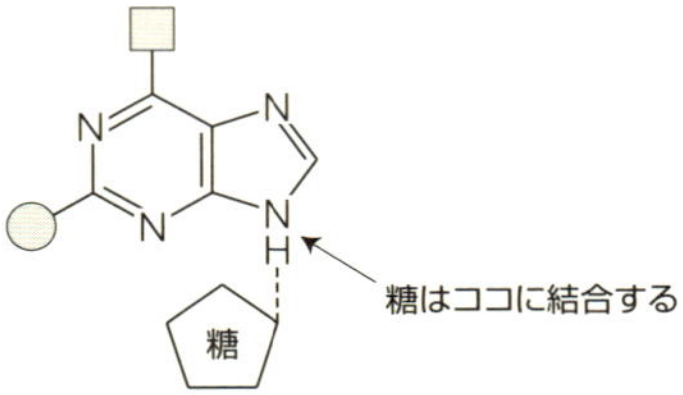

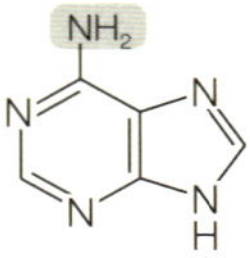

糖はココに結合する

アデニン 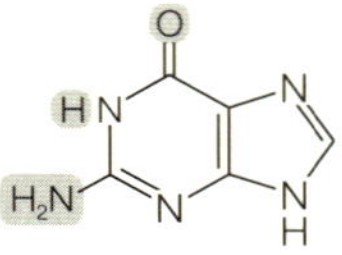　　　グアニン

その他のプリン塩基

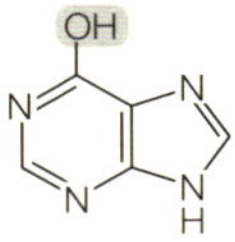

ヒポキサンチン 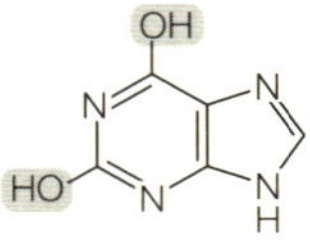　　キサンチン 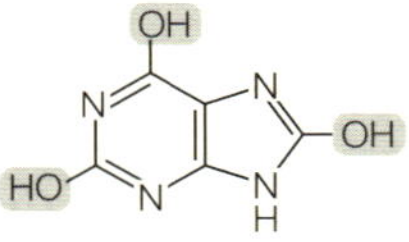　　尿酸 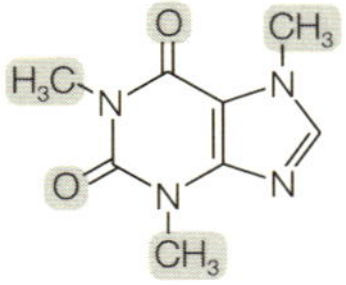　　カフェイン

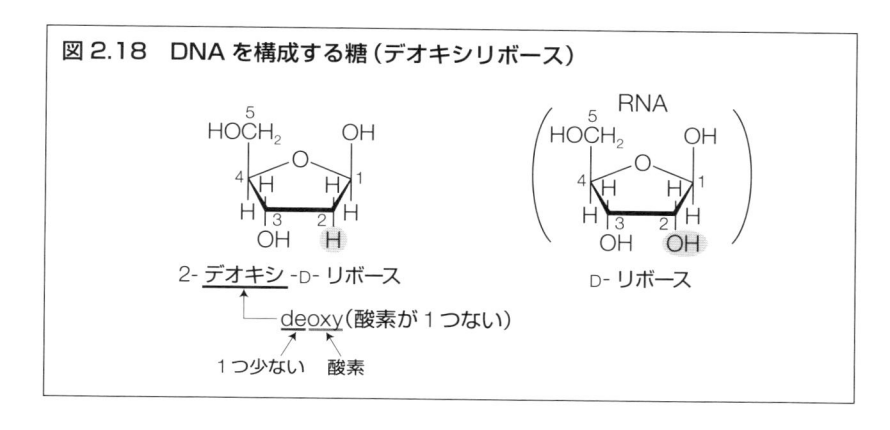

図 2.18　DNA を構成する糖（デオキシリボース）

2-デオキシ-D-リボース　　　D-リボース（RNA）

deoxy（酸素が 1 つない）
1つ少ない　酸素

　表 2.5 のヌクレオシドとヌクレオチドは、糖がリボースの場合の名称です。糖がデオキシリボースの場合には「デオキシ」や「d」を付けて、デオキシヌクレオシド、デオキシヌクレオチドと表わします（図 2.18）。たとえばアデニンの場合には、デオキシアデノシン、デオキシアデニル酸、dAMP のようにです。ただしチミンだけは、糖には通常デオキシリボースが結合するので、チミンのデオキシヌクレオシドとデオキシヌクレオチドを、それぞれチミジン、チミジル酸（TMP）といいます。

　遺伝情報の伝達は核酸を使って行います。その詳細は第 5 章であらためて説明します。ここでは、核酸の構成成分と基本構造とを理解しておいてください。

> **MEMO　RNA の構造**
>
> 　RNA と DNA との違い（下表）は、RNA では糖がリボース（$C_5H_{10}O_5$）であることと、塩基が T の代わりにウラシル（U）を使っているという 2 点です。DNA は遺伝情報の保存が主な役目であるのに対し、RNA は遺伝情報の発現（遺伝情報に従って蛋白質を作っていくこと）の過程に重要な役割を果たしています。
>
> **DNA と RNA の違い**
>
> | 核酸 | 糖 | 塩基 | 核酸の形 |
> |---|---|---|---|
> | DNA | デオキシリボース | アデニン（A）グアニン（G）シトシン（C）チミン（T） | 2 本鎖のらせん |
> | RNA | リボース | アデニン（A）グアニン（G）シトシン（C）ウラシル（U） | 1 本鎖（一部分に 2 本鎖） |

確認問題

■栄養素と消化酵素の組合せで正しいのはどれか。
1. 炭水化物 ……リパーゼ
2. 蛋白質 ………トリプシン
3. 脂肪 …………マルターゼ
4. ビタミン ……アミノペプチダーゼ

(看護師国家試験既出問題)

解説：リパーゼは脂肪の分解酵素。トリプシンとアミノペプチダーゼは蛋白質の分解酵素。アミノペプチダーゼはペプチドのアミノ末端側から順番にアミノ酸を切断していく。マルターゼはマルトースの分解酵素で、マルトースを分解してブドウ糖にする。【答　2】

■健常成人でグリコーゲンの総量が最も多い臓器はどれか。
1. 脳
2. 肝臓
3. 膵臓
4. 腎臓
5. 脾臓

(臨床検査技師国家試験既出問題)

解説：グリコーゲンはブドウ糖が多数結合した多糖類で、肝臓や筋肉中に多く存在する。【答　2】

第 3 章

代謝生化学 1
ATP を作る

生体維持や細胞活動のエネルギー源は ATP です。ATP がないことには何も動きません。その ATP は糖質・脂質・蛋白質の代謝によって作り出されています。第 3 章では、生体はいかにして ATP を作り出しているかを解説します。

3.1 ATPとは

A ATPとは

ヒトが生きていくためにはエネルギーが必要です。筋肉が収縮するのにも、体温を維持するのにも、そして細胞が細胞内でいろいろな代謝を行いながら生きていくのには、すべからくエネルギーが必要です。このような運動や熱や化学反応にもすべてエネルギーが必要なのですが、生物はATP（アデノシン三リン酸）をエネルギーの源として使用しています。

➡ ATPはエネルギーのもと。

B ATPの構造

プリンと呼ばれる塩基の1つに、**アデニン**というものがあります（p.52参照）。これにリボースという五炭糖がくっついたヌクレオシドを**アデノシン**といいます。

アデノシン（Adenosine）に、リン酸（P）が1個（M）だけくっついたヌクレオチドをAMP（アデノシン一リン酸）といいます。Mとはmono、モノと読み、1という意味です。AMPはアデニル酸とも言います。

AMPにリン酸がもう1個くっついて合計2個になったものをADP（アデノシン二リン酸）といいます。Dとはdi、ジと読み、2個という意味です。さらにADPにリン酸がもう1個くっついて合計3個になったものをATP（アデノシン三リン酸）といいます。Tはtri、トリと読み、3という意味です。つまりATPは、P（リン酸）が3個くっついたアデノシンというわけです。

➡ アデノシンにPが3個くっついたものがATP（図3.1）。

3.1 ATPとは

図3.1　ATPの構造

【名称】　　　　　【構造の模式図】

アデニン　　　　　（アデニン）

アデノシン　　　　（アデニン）―〈糖〉

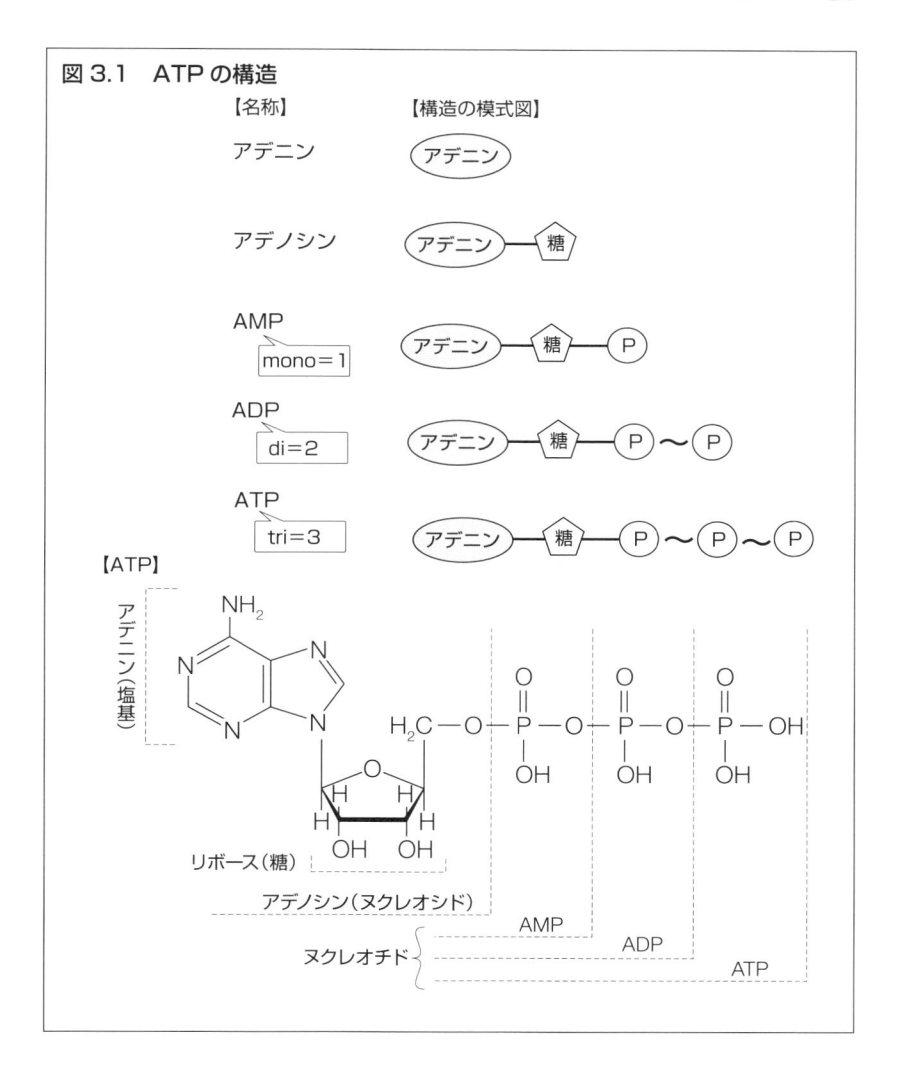

AMP
mono＝1　　　　（アデニン）―〈糖〉―(P)

ADP
di＝2　　　　　（アデニン）―〈糖〉―(P)～(P)

ATP
tri＝3　　　　　（アデニン）―〈糖〉―(P)～(P)～(P)

【ATP】

アデニン（塩基）／リボース（糖）／アデノシン（ヌクレオシド）／ヌクレオチド／AMP／ADP／ATP

C　ATPのエネルギー

　このようにATPはアデノシンにリン酸が3個くっついた構造をしていますが、実は3個目*のリン酸をくっつけるのには大きなエネルギーが必

＊　実際には2個目のリン酸の結合にもエネルギーが少し必要である。

要なのです。逆に3個目のリン酸が外れたときには大きなエネルギーが放出されます。つまり3個目のPをくっつけたり外したりすることで、エネルギーの貯蔵／放出をしています。これはどの細胞も共通で行っています。

➡ 3個目のPが外れるとき、エネルギーが放出される。

　小さめの箱にバネを押し込んだと考えてください。バネを圧縮するときに力が必要です。そして箱のフタをゆるめると、バネの力でフタは飛ばされます。バネにため込まれたエネルギーが放出されたわけです。ATPもよく似ていて、ADPが自然の長さのバネ、ATPが縮めたバネだと思ってください**（図3.2）**。

　バネを縮めるとき、すなわちADPをATPに変換するときにはエネルギーが必要です。そして縮んだバネが元の長さに戻るとき、すなわちATPがADPに変換されるときにはエネルギーが放出されます。生体はまずATPを作り、そしてこのATPをADPに変換されるときに放出されるエネルギーを利用して、筋肉を収縮させたり、体温を維持させたり、細胞内でいろいろな代謝を遂行したりしています。

➡ ATPがADPになるときにエネルギーが放出される。

図3.2　**ATPの分解とエネルギー**

ATPを作るには、エネルギーが必要。

ATPを分解すると、エネルギーが出る。

3.2 糖質からATPを作る

A 嫌気的解糖

ATPがエネルギーの源だということがわかったので、ではどうやってそのATPを作るのか、という点に関してこれから説明します。

ATPはいろいろな物質から作ることができます。その中で最も基本になるのは、ブドウ糖（グルコース、$C_6H_{12}O_6$）から作る方法です。ブドウ糖を分解していくと、数段階のステップを経てピルビン酸（$C_3H_4O_3$）になります。このときにATPができてきます。1分子のブドウ糖から2分子のATPができます。これを解糖といいます**（図3.3）**。

➡ブドウ糖から解糖によりATPを作ることができる。

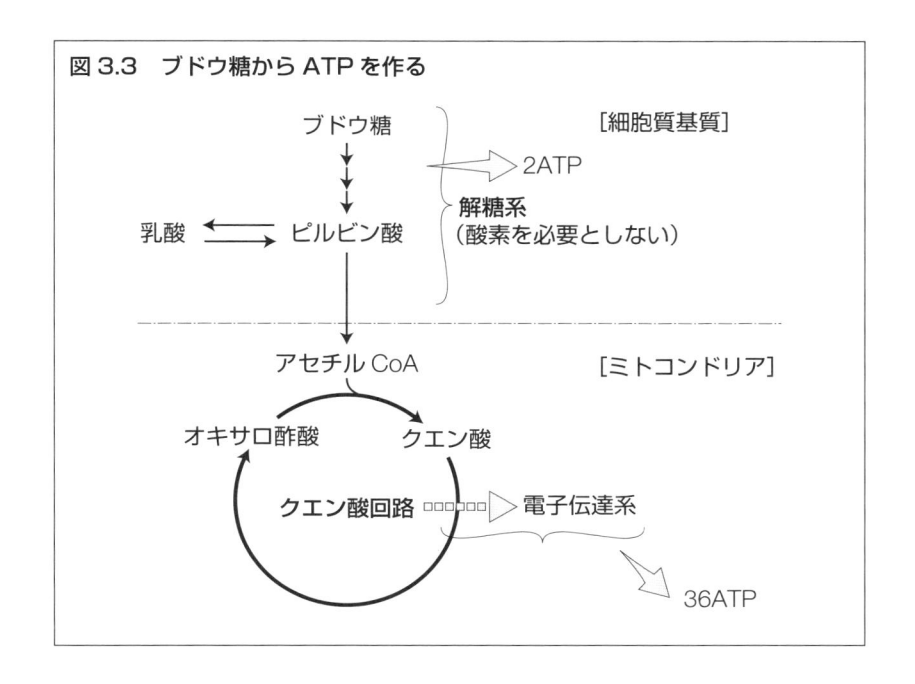

図3.3 ブドウ糖からATPを作る

```
                ブドウ糖           ［細胞質基質］
                  ↓      ⟹ 2ATP
                  ↓       ⎫
                  ↓       ⎬ 解糖系
    乳酸 ⇌ ピルビン酸    ⎭（酸素を必要としない）
- - - - - - - - - - - - - - - - - - - - - - - - -
              アセチルCoA         ［ミトコンドリア］
     オキサロ酢酸    クエン酸
           （クエン酸回路）⇢ 電子伝達系
                                    ⟹ 36ATP
```

解糖の特徴は、酸素を必要としないということです。ですからわざわざ嫌気(けんき)的解糖と表現することもあります。産生するATPの量は2分子と、あまり多くありません。しかし酸素は不要なので、たとえば激しい運動時のように酸素供給が間に合わない場合でも、この解糖によりATPを作り出すことができます。

➡解糖には酸素は不要。

解糖は細胞の細胞質基質で行われます。つまり解糖に必要な酵素は細胞質の液体中に溶けた形で存在するということです。赤血球のように細胞内にミトコンドリアなどを持っていない細胞でも、この解糖によりATPを作り出すことができます。

➡赤血球は解糖によりATPをまかなっている。

ブドウ糖の分解産物であるピルビン酸は、乳酸に変化します。激しい運動を続けたときなどは、酸素供給が追いつかなくなり、この乳酸が増えてきます。乳酸が増えてくると体液のpHは酸性側に傾き、解糖系の酵素が働きにくくなり、結局ATPの産生効率が低下してきます。激しい運動を続けると、次第に筋力が低下してくる理由の1つは、この解糖によって産生された乳酸が増えてくるからです。

➡激しい運動を続けると、解糖により産生された乳酸が多くできる（図3.4）。

解糖の特徴をまとめると次のようになります。
- ATP産生に酸素が不要
- 最終産物はピルビン酸もしくは乳酸
- ATP産生量は少ない
- 細胞質基質で行われるのでどんな細胞でも可能
- 反応式は $C_6H_{12}O_6 \rightarrow 2C_3H_4O_3 + 4H$ （+2ATP）

図3.4 酸素を使わずに ATP 産生

解糖系には酸素は不要。激しい運動を続けると、解糖により産生された乳酸が増えてくる。

B 糖新生

　ヒトの細胞、特に脳のニューロンはそのエネルギー源として常にブドウ糖の供給を必要としています。肝臓のグリコーゲンを分解すると、簡単にブドウ糖を作ることができます。しかし、最後の食事から長時間経ったときなど、たとえグリコーゲンが枯渇してもブドウ糖の供給が中断しないように、ヒトは他の物質からブドウ糖を合成する能力を持っています。これを**糖新生**といいます。

　代表的な糖新生は乳酸を材料にするもので、解糖系の矢印をほぼ逆向きにたどっていきます**（図3.3参照）**。つまり乳酸とATPからブドウ糖を作ることができるわけです。乳酸以外の材料としては、グリセロールや一部のアミノ酸があります。脂肪酸からはブドウ糖を作ることはできません（p.69参照）。糖新生は主に肝臓で行われています。

　➡新しくブドウ糖を作ることを糖新生という。

C 酸素を使ってATPを作る

　解糖系でもATPが作れました。しかし解糖系の最大の欠点は、ATPの産生量が少ないということです。もっと大量にATPを作るにはどうしたらいいか、その解決法が**酸素**を使うことです。

　酸素を使ってATPを作り出す基本の代謝経路に、**クエン酸回路**があります。別名TCA回路ともいいます（**図3.5**）。

　解糖によってできたピルビン酸をアセチルCoAに変化させ、そしてこのアセチルCoAをクエン酸に変化させ、さらに次のものに変化させながらATPを産生します。クエン酸は一連の反応を経てオキサロ酢酸というものになります。このオキサロ酢酸は最初に出てきたアセチルCoAと反応してクエン酸になります。あとはこのくり返し、だからクエン酸「回路」といいます。先ほど「アセチルCoAをクエン酸に変化させ……」と述べましたが、より正確には「アセチルCoAをオキサロ酢酸と反応させて、クエン酸に変化させ……」ということです。

➡**解糖の次の段階がクエン酸回路。**

　クエン酸回路では、産生されるATPはそのすべてが回路の途中で直接作られているわけではありません。いったん水素を渡す、という過程を経てATPを作っています。その水素を受け取るのは、NADおよびFADという物質です。NADとFADは補酵素といわれるもので、ビタミン（ニコチン酸とビタミンB_2）の一種です。補酵素の生化学的性質については119ページであらためて説明します。

　クエン酸回路が進む間に、NADおよびFADが水素を受け取りNADHと$FADH_2$になり、これらの水素は電子伝達系で酸化され、そのときにATPが産生されます。これらの反応は水素（プロトン）の受け渡しであり、電子伝達系や水素伝達系と呼ばれています。

　水素の受け渡しは酸化還元反応であり、ADP → ATPの反応はリン酸がくっついたわけですのでリン酸化です。したがって、電子伝達系でATPを作ることを酸化的リン酸化ともいいます。呼吸鎖ということもあります。

➡**クエン酸回路の次の段階が電子伝達系。**

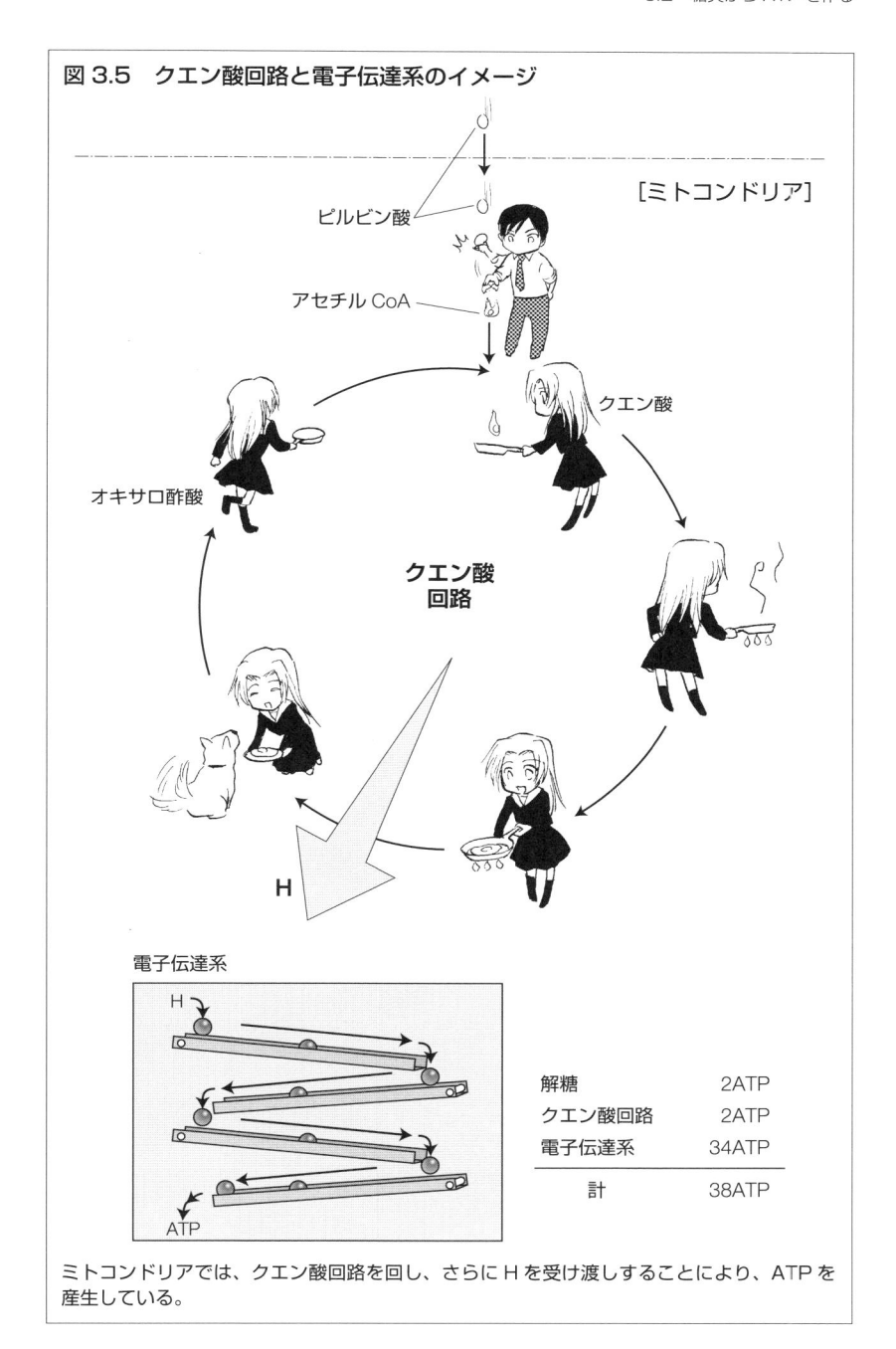

3.2 糖質から ATP を作る

図 3.5 クエン酸回路と電子伝達系のイメージ

［ミトコンドリア］

ピルビン酸

アセチル CoA

クエン酸

オキサロ酢酸

クエン酸回路

H

電子伝達系

H

ATP

解糖	2ATP
クエン酸回路	2ATP
電子伝達系	34ATP
計	38ATP

ミトコンドリアでは、クエン酸回路を回し、さらに H を受け渡しすることにより、ATP を産生している。

65

クエン酸回路では酸素を使います。要するに酸化反応によってATPを作り出しています。酸素を使うほうが効率がよく、1分子のブドウ糖からクエン酸回路と電子伝達系とで計36分子[*1]のATPを作ることができます。解糖系だけでは2分子のATPなので、その効率の差を見比べてください。
➡**クエン酸回路では、酸素を使って大量のATPを作っている。**

クエン酸回路および電子伝達系の反応を遂行しているのは、細胞内の小器官である**ミトコンドリア**です。つまりミトコンドリアとは、細胞内のATP産生工場なんですね。その工場での原料はアセチルCoAと酸素です。クエン酸回路や電子伝達系の酵素は、ミトコンドリアに存在しています。

ヒトが何のために呼吸をしているか。これはひとえに細胞のミトコンドリアでクエン酸回路を回してATPを作るためなのです。結局ブドウ糖はCO_2と水になります。つまりブドウ糖と酸素とADPが、CO_2と水とATPになるわけです（**図3.6**）。
➡**クエン酸回路と電子伝達系の反応はミトコンドリアで行われている。**

結局1分子のブドウ糖は、解糖およびクエン酸回路と電子伝達系を経て、最終的には合計38分子のATPを作り出します[*2]。解糖以外の一連の代謝、すなわち、クエン酸回路や電子伝達系の反応はすべてミトコンドリアで行われています。つまりクエン酸回路や電子伝達系の酵素はミトコンドリアに存在しています（**図3.7**）。

> **クエン酸回路の特徴をまとめると次のようになります。**
> ・ATP産生に酸素が必要
> ・直接の材料はアセチルCoA
> ・最終産物はオキサロ酢酸であるが、これは材料として再利用
> ・ATP産生量は多い（電子伝達系を経て）
> ・ミトコンドリアで行われている

---

*1　細胞の種類により微妙に異なる。
*2　$C_6H_{12}O_6 + 6H_2O + 6O_2 \rightarrow 6CO_2 + 12H_2O\,(+38ATP)$

3.2 糖質からATPを作る

図3.6 酸素を使ってATP産生

この速度なら酸素供給が追いつくんだよね

ATP産生中

ついでに水と二酸化炭素も産生中

酸素を使うと、解糖系よりも多量のATPを産生できる。

> **column** 血糖値測定には専用の採血管を用いる
>
> 赤血球にはミトコンドリアがありません。赤血球が生きていくのに必要なATPは、解糖系によってまかなっています。血糖値を測定しようと採血を行った場合、試験管内に血液をそのまま長時間放置しておくと、血漿中のグルコース（ブドウ糖）を赤血球が消費して徐々にグルコース濃度が低下してきます。これを防ぐために血糖値測定用の採血管には、解糖系の酵素をブロックする薬剤（フッ化ナトリウム）が入れてあります。そのため血糖値測定には専用の採血管を用いているのです。ちなみに、青酸カリ等のシアン化合物は、電子伝達系の酵素をブロックすることにより細胞をATP不足にします。

67

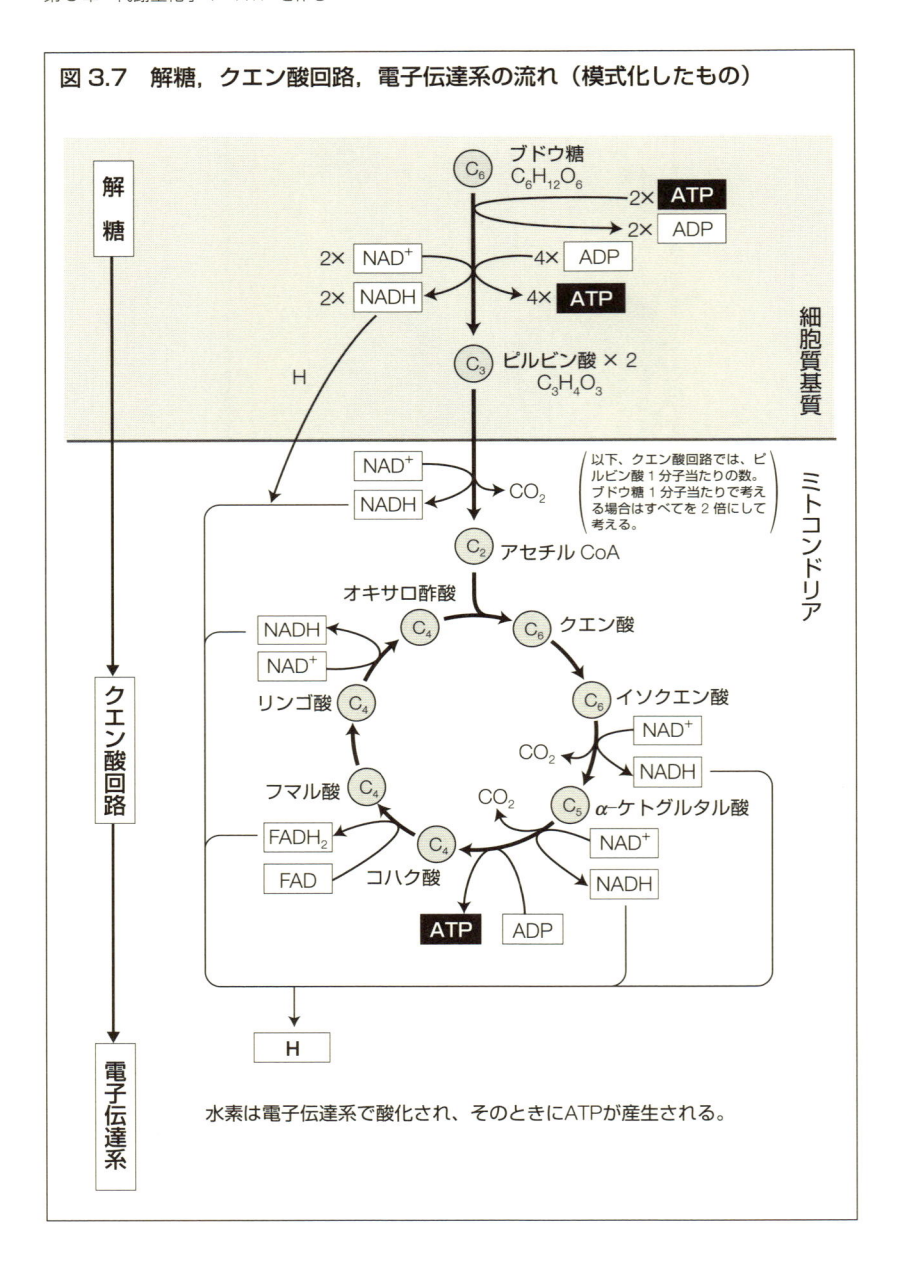

図 3.7 解糖，クエン酸回路，電子伝達系の流れ（模式化したもの）

解糖（細胞質基質）

ブドウ糖 C_6 $C_6H_{12}O_6$
→ 2× ATP → 2× ADP
2× NAD$^+$ → 2× NADH
4× ADP → 4× ATP
→ ピルビン酸 C_3 × 2　$C_3H_4O_3$

クエン酸回路（ミトコンドリア）

以下、クエン酸回路では、ピルビン酸1分子当たりの数。ブドウ糖1分子当たりで考える場合はすべてを2倍にして考える。

NAD$^+$ → NADH，CO_2
→ アセチル CoA C_2
→ クエン酸 C_6
オキサロ酢酸 C_4
→ イソクエン酸 C_6
　CO_2，NAD$^+$ → NADH
リンゴ酸 C_4 ← NADH，NAD$^+$
→ α-ケトグルタル酸 C_5
　CO_2，NAD$^+$ → NADH
フマル酸 C_4
コハク酸 C_4 ← FADH$_2$，FAD
ATP ← ADP

H

電子伝達系

水素は電子伝達系で酸化され、そのときにATPが産生される。

3.3 脂質からATPを作る

　脂質の代表が中性脂肪です。中性脂肪（トリグリセリド）はグリセロールに脂肪酸が3個結合したものです（p.29参照）。したがって**脂質の代謝では、グリセロールの代謝と脂肪酸の代謝とに分けて考えましょう。**

A グリセロールの代謝

　グリセロール自体は脂質というよりは糖質であり、代謝されるときは解糖系の途中に入ります。クエン酸回路を経てATP合成に使用されます。

　このとき、矢印とは逆に上方向に向かえばブドウ糖合成の材料に使用されます。つまり糖新生に利用されるわけです。このようにグリセロールはATP産生にも利用されれば、糖新生にも利用されます（**図3.8**）。

　➡**グリセロールは解糖系の途中に入り、以下糖質と同様に代謝される。**

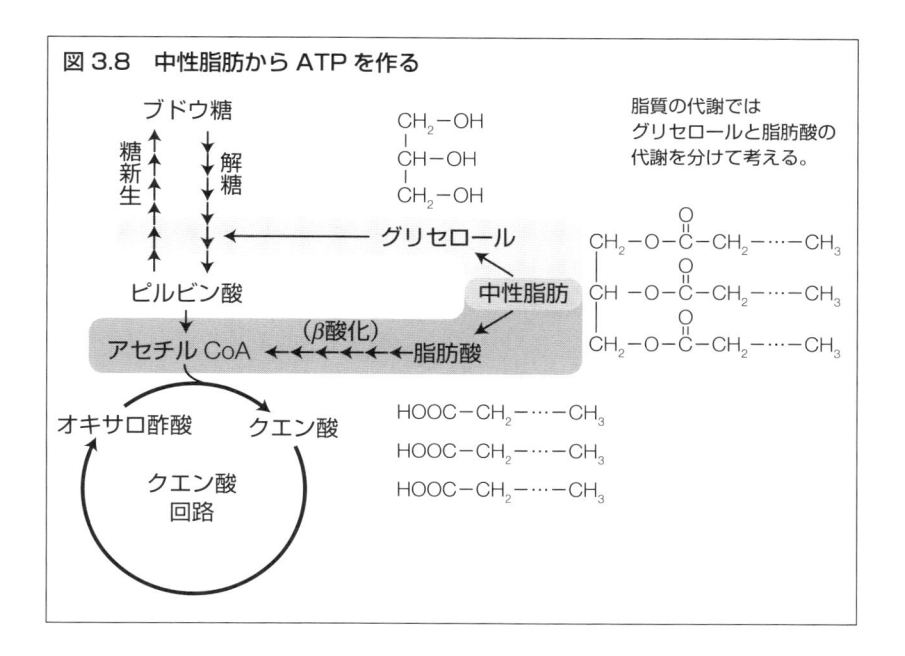

図3.8　中性脂肪からATPを作る

脂質の代謝ではグリセロールと脂肪酸の代謝を分けて考える。

B 脂肪酸の代謝

通常の脂肪酸は、長い炭素鎖にカルボキシル基（−COOH）がくっついたカルボン酸です。この炭素鎖が2個ずつ切れて酸化され、アセチルCoAとなりクエン酸回路に入ります。炭素は2個ずつ切れていくのですが、この炭素は炭素鎖の先端の炭素ではなく、カルボキシル基側の2個の炭素です。これをβ酸化といいます（図3.8、図3.9）。

たとえば、パルミチン酸（炭素数16）の飽和脂肪酸1分子が、β酸化とクエン酸回路を介して分解したら、約100分子のATPが産生されます。

➡ 脂肪酸は炭素が2個ずつβ酸化を受ける。

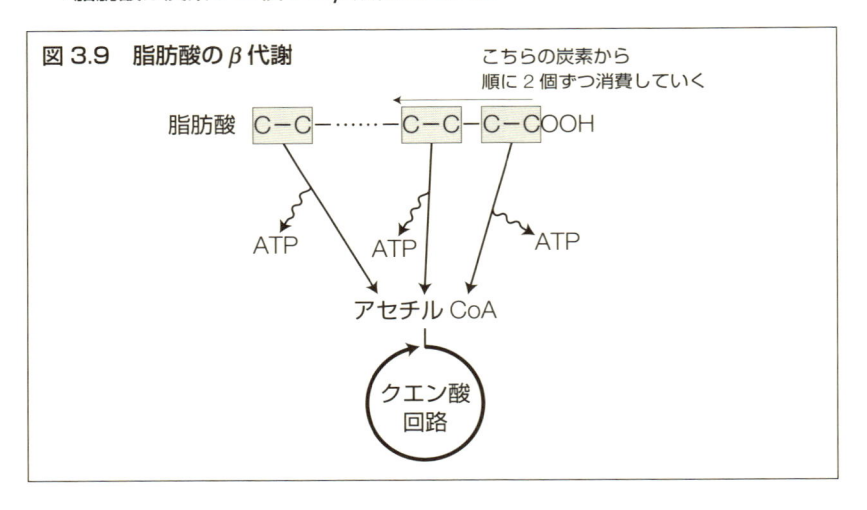

図3.9 脂肪酸のβ代謝

脂肪酸 C−C……C−C−C−COOH
（こちらの炭素から順に2個ずつ消費していく）

→ ATP、ATP、ATP
→ アセチルCoA
→ クエン酸回路

C 中性脂肪の代謝

中性脂肪はグリセロールと脂肪酸とが結合したものなので、中性脂肪からATPを作る際は、グリセロールの代謝経路と脂肪酸の代謝経路とを合わせたものになります（図3.8）。

D ケトン体の生成

膵臓から分泌されるインスリンは糖質や脂質の代謝を円滑に進める作用があります。そのため血中のブドウ糖を細胞に消費させて血糖値を下げる、

という作用を示します。このインスリンが不足したのが糖尿病です。糖尿病や強い飢餓状態などのときには、糖代謝も脂質代謝もうまく流れなくなり、クエン酸回路がうまく回らなくなります。脂質代謝が障害されると、脂肪酸からアセチル CoA への反応がスムーズに流れなくなり、体内にアセト酢酸、3-ヒドロキシ酪酸、アセトンが溜まってきます。これら3者はケトン体といわれる物質で、脳などでの ATP 産生の材料にも使われます。しかし前2者は酸性物質のため、ケトン体が血中に溜まりすぎると、血液の pH が酸性側に傾いてしまい、あんばい良くないですね**(図 3.10)**。はなはだしいときは、意識を失うこともあります。

➡ ケトン体とはアセト酢酸、3-ヒドロキシ酪酸、アセトンのこと。

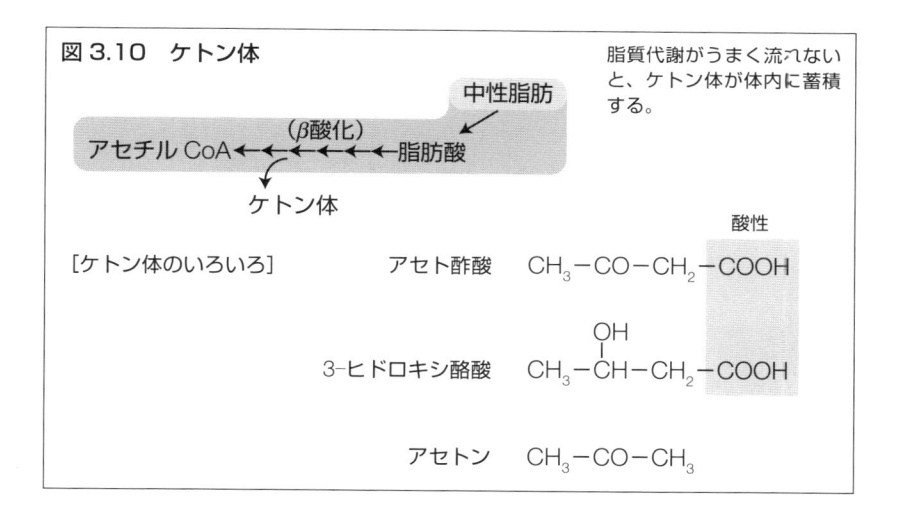

図 3.10　ケトン体

脂質代謝がうまく流れないと、ケトン体が体内に蓄積する。

中性脂肪 → 脂肪酸 →(β酸化)→ アセチル CoA
　　　　　　　　　↓
　　　　　　　　ケトン体

[ケトン体のいろいろ]

アセト酢酸　　$CH_3-CO-CH_2-COOH$　　酸性

3-ヒドロキシ酪酸　　$CH_3-\underset{|}{\overset{OH}{CH}}-CH_2-COOH$

アセトン　　$CH_3-CO-CH_3$

構造式と名前を確認しよう

3-ヒドロキシ酪酸

$$\overset{4}{CH_3}-\overset{3}{\underset{|}{\overset{OH}{CH}}}-\overset{2}{CH_2}-\overset{1}{COOH}$$

酪酸(C_3H_7COOH)の3番目の炭素にヒドロキシ基(-OH)がついている。
（H と置き換わった）

E 脂肪酸は糖新生ができない

　脂肪酸からはブドウ糖はできません。その理由はややこしいのですが、最も重大な理由はピルビン酸をアセチルCoAに変換する酵素が一方通行で、逆反応は行えないからです。つまりアセチルCoAはピルビン酸にはなれないからです。詳細なこの理屈は結構ややこしいので、ここはこれ以上深入りしないほうがいいでしょう。

➡ アセチルCoAはピルビン酸になれない。

　糖尿病ではインスリン不足のせいでケトン体が蓄積することがあります。その理由は、インスリン不足のときは糖代謝がうまくいかず、細胞はブドウ糖不足におちいります。何かからブドウ糖を作らないといけないので、その材料を中性脂肪の成分であるグリセロールに求めます。同時に中性脂肪のもう1つの成分である脂肪酸も代謝しようとしますが、こちらもインスリン不足でうまくいかず、ケトン体が溜まってしまう、というわけです。

➡ インスリン不足でケトン体が蓄積することがある。

3.4 蛋白質からATPを作る

A アミノ酸からATPを作る

　糖質と脂質は炭素・水素・酸素からできていますが、蛋白質はさらにその主要構成物のアミノ酸に窒素が含まれています。ATPを作る際にはこの窒素は役にたちません。したがってアミノ酸からまず窒素であるアミノ基（NH_2-）をはずして炭素・水素・酸素から構成される分子に変換したのち、クエン酸回路に入り、ATP産生に利用します。つまりアミノ酸も燃やせばATPを作ることができます（図3.11）。

➡ アミノ酸はアミノ基をはずせばATPが作れる。

図 3.11　アミノ酸の脱アミノ反応

NH_2-CH-COOH　アミノ酸

▲は側鎖

アミノ基 NH_2-

アミノ基がはずれるのと同時に、酸化も起きている。

CO-COOH　α-ケト酸

図 3.12　アミノ酸から ATP を作る

ブドウ糖
↓
解糖系
↓
□　←アミノ酸Ⓑ
↓
アセチル CoA　←アミノ酸Ⓐ
↓
クエン酸回路　□　←アミノ酸Ⓒ

ⒷⒸのアミノ酸はブドウ糖になり得るが、Ⓐのアミノ酸はブドウ糖になれない。この理由は難しいので深入りしなくてよい。

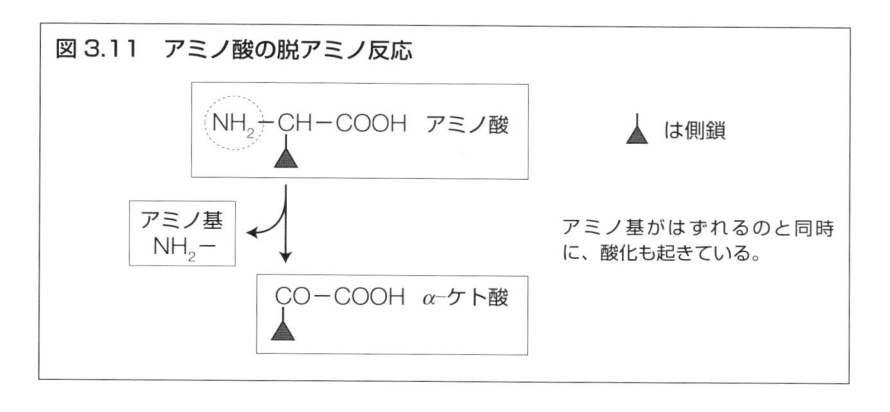

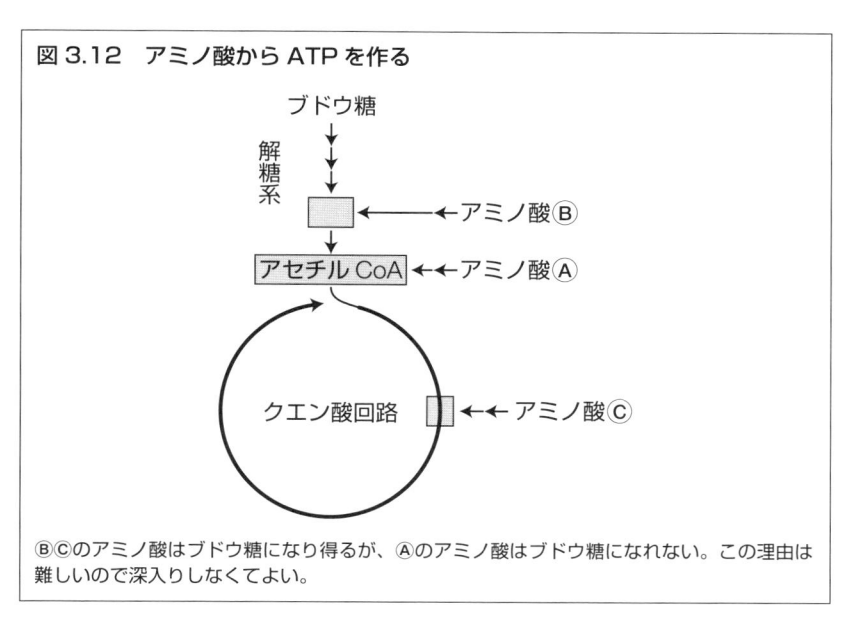

　クエン酸回路への入り方には大きく2種類あります。1つはアセチル CoA になってからおもむろにクエン酸回路に入る方法、もう1つはアセチル CoA にならずにクエン酸回路に入る方法です（**図 3.12**）。後者はたとえばアミノ酸が α-ケトグルタル酸のようにクエン酸回路を構成している物質にまで変化してからクエン酸回路に入る方法です。どちらの経路をとるかは、アミノ酸の種類によって決まっています。**図 3.12** でいうと、

Ⓐのアミノ酸とⒷⒸのアミノ酸のことです。

　なぜこのように2つに分けるかというと、実はⒷⒸのアミノ酸は糖新生すなわちブドウ糖に変換可能なのですが、Ⓐのアミノ酸はブドウ糖にはなりえないのです。この理屈は脂質の説明のところ（p.72）で述べましたが、かなりややこしいのであまり深入りしなくて結構です。ⒷⒸのアミノ酸は糖質になりうるアミノ酸ともいえます。一方、Ⓐのアミノ酸は、脂質のβ酸化の鍵となる物質であるアセチルCoAになるので、脂質になりうるアミノ酸、ともいえます。

➡ アミノ酸のクエン酸回路への入り方には大きく2種類ある。

B 蛋白質の異化

　ある物質を合成することを同化（どうか）、ある物質を分解することを異化（いか）といいます。通常は同化とは単純な物質から複雑な物質に向かう代謝経路、異化とは複雑な物質から単純な物質に向かう代謝経路のことをいいます。

　たとえば蛋白質を分解して二酸化炭素と水とアンモニアにすることを、蛋白質の異化といいます。蛋白質の異化のときは同時にATPが作られます。逆に他の物質から蛋白質を合成することを、蛋白質の同化といいます。

➡ ある物質を合成することを同化、分解することを異化という。

　ヒトでは通常はエネルギー源には主として糖質と脂質とを使用しています。つまりATPを作る主材料は糖質と脂質です。しかし飢餓時などで糖質や脂質の供給が追いつかないときは、蛋白質を材料にしてATPをつくります。すなわちエネルギー産生用に筋肉などにある蛋白質を切り崩して使用するのです。

　血糖値維持用のブドウ糖が不足したときも同様のことが起こります。糖新生が可能なアミノ酸をブドウ糖に変換するわけですが、やはり筋肉などにある蛋白質を切り崩して、その中のアミノ酸をこのブドウ糖作成の材料に使用します。蛋白質の異化が亢進している状況では、体の筋肉量が減少していきます（図3.13）。

➡ 蛋白質からATPを作ることを、蛋白質の異化という。

3.4 蛋白質からATPを作る

図 3.13　**お父さん、やせる決意をする**

単に絶食すると、体脂肪は減るが、筋肉量も減る。筋肉量を保つには、適切な栄養と筋トレとが必要である。

C 尿素回路

　アミノ酸からATPを作る場合、窒素は燃やせないのでアミノ基（NH_2-）の部分は材料として使えません。したがってアミノ酸をまずアミノ基とそれ以外の部分に分け、アミノ基の部分は体外に捨て、アミノ基以外の部分は酸化することによりATP産生に使用します。

　アミノ基を捨てる場合、アミノ基をはずしたままだとそのアミノ基は体に毒であるアンモニア（NH_3）に変化してしまいます。そこで肝臓ではアミノ基もしくはこの有毒なアンモニアを無毒な尿素（$NH_2-CO-NH_2$）に変化させて腎臓から尿中に捨てています。この尿素を産生する代謝経路を尿素回路といいます（**図 3.14**）。

図3.14 アミノ基から尿素ができるまで（尿素回路）

NH₂−CH−COOH（アミノ酸）

↓ 脱アミノ反応

NH₃（アンモニア）

↓ 尿素回路

NH₂−CO−NH₂（尿素）

参考までに
CH₃−CO−CH₃（アセトン）

尿素の構造式はアセトンの構造式によく似ている。

尿素回路の酵素は肝臓にしかない。

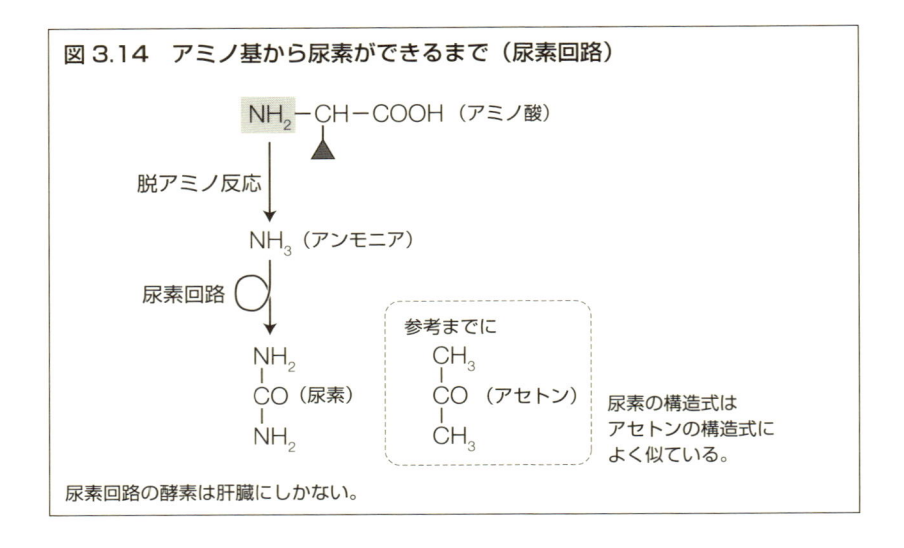

　肝臓で作られた尿素は血液中を流れて腎臓に行き、腎臓から尿中に捨てられます。臨床検査では血液中の尿素（Urea）の量のことを BUN（Blood Urea Nitrogen）もしくは UN と表現します。

　血液中の BUN が上昇するのは、蛋白質からたくさんの ATP を作ったときか、腎臓から BUN を排泄できないときです。前者の代表に絶食や高蛋白食が、後者の代表に腎不全があります。

➡ **アンモニアは肝臓で尿素になり、腎臓から捨てられる。**

　尿素は尿の主成分の1つです。尿素の由来は蛋白質で、蛋白質をエネルギーとして燃やしたときの燃えカスがアンモニアであり、アンモニアはこのままでは有害なので肝臓で無害な尿素に作りかえ、腎臓から尿中に捨てているわけです。

➡ **蛋白質を燃やしたときの燃えカスが尿素。**

D クレアチン

　細胞の直接のエネルギー源は ATP です。しかし ATP は細胞内にあまり大量には保有できません。したがって筋肉細胞のように ATP の消費が

3.4 蛋白質からATPを作る

図3.15　**ATPとクレアチンリン酸**

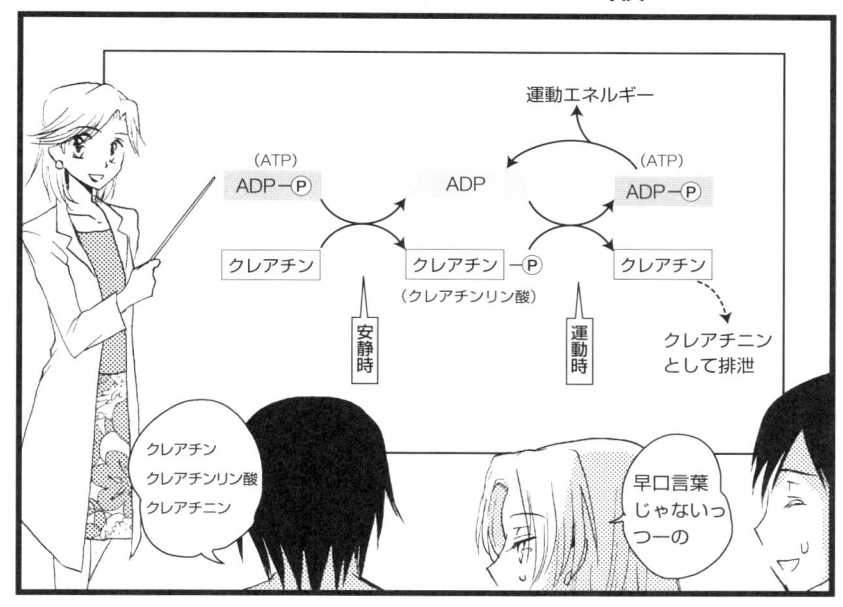

```
                    運動エネルギー
         (ATP)           (ATP)
         ADP-P    ADP    ADP-P
         クレアチン  クレアチン-P  クレアチン
                (クレアチンリン酸)        クレアチニン
                                        として排泄
                   安静時   運動時
```

クレアチン
クレアチンリン酸
クレアチニン

早口言葉
じゃないっ
つーの

　激しい細胞は効率よいATPの補給システムを持っています。それがクレアチンです。
　クレアチンはリン酸と結合したクレアチンリン酸の形で筋肉中に蓄えられています。筋収縮などのエネルギー消費活動により細胞内のATPはADPとリン酸になりますが、このADPはただちにクレアチンリン酸からリン酸をもらってATPになります。つまりクレアチンリン酸を作るということは、細胞内エネルギー備蓄によるATPの急速再生システムともいえます。こうして筋細胞などは長時間ATPの供給を続けることができるのです（**図3.15**）。
　➡**クレアチンリン酸は筋細胞でのATP供給に利用される。**

　筋肉中のクレアチンは一定割合でクレアチニンに代謝され、腎臓から尿中に捨てられています。したがって血中クレアチニン濃度は腎機能低下のときに上昇します。なお尿中の窒素化合物の代表は、尿素・尿酸・クレア

チニンです。尿素はアミノ酸の代謝産物、尿酸は核酸の代謝産物、そしてクレアチニンはクレアチンの代謝産物です。

➡**クレアチニンはクレアチンの代謝産物で腎機能の指標になる。**

確認問題

■**全血検体を室温放置することで低下するのはどれか。**
 a. LD
 b. AST
 c. ブドウ糖
 d. 無機リン
 e. アンモニア

(医師国家試験既出問題)

解説：赤血球が血漿中のブドウ糖を消費する。LDとASTは肝疾患などで上昇する酵素。【答　C】

■**TCAサイクルで生成されないのはどれか。**
 1. 乳酸
 2. コハク酸
 3. リンゴ酸
 4. オキサロ酢酸
 5. α-ケトグルタル酸

(臨床検査技師国家試験既出問題)

解説：乳酸は解糖系の生成物。クエン酸回路（TCA回路）はp.68を参照のこと。【答　1】

■**1モルの尿素からウレアーゼによって生成されるアンモニアのモル数はどれか。**
 1. 1/2モル
 2. 1モル
 3. 2モル
 4. 3モル
 5. 4モル

(臨床検査技師国家試験既出問題)

解説：ウレアーゼとは尿素（英語でウレア）を分解してアンモニアにする酵素。細菌などが持つ。尿素の構造式はp.76を参照。【答　3】

第 4 章

代謝生化学 2
ATP 以外のものを作る

生体の細胞は、自分に課せられた多彩な役割を ATP を使って遂行することで、生体を支えています。この役割遂行のしくみは化学反応、すなわち代謝で説明できます。第 4 章では ATP 産生以外の代謝に焦点をしぼり、解説します。

4.1 代謝の目的

A 代謝によるエネルギー産生と消費

　生体内の代謝には、大きく2つの方向があります。1つは、代謝の方向がエネルギー産生、すなわちATPを作る方向に進む場合、もう1つはATPではない、別なものを作る方向に進む場合です。前者は第3章で説明したように、糖質・脂質・蛋白質を材料にATPを作っていきます。

　後者が本来の細胞の働きであり、ATPを消費することが多いようです。細胞はこの本来の働きを遂行するために、糖質・脂質・蛋白質を材料にATPを作っている、ともいえます。

　➡代謝遂行にはATPを消費することが多い。

B メッセンジャー物質

　生体の働きを円滑に遂行するために、作る必要があるものは何でしょうか？　1つは、指令を伝える物質（メッセンジャー物質）です。広い意味の、ホルモンに相当します。他の細胞に対して、あーしなさい、こーしなさい、といった命令を伝えることにより、体内の全細胞の統括を行い、1つの多細胞生物としてうまく生きていくことができます。

　➡細胞間の命令伝達は、メッセンジャー物質を介して行う（図4.1）。

　命令は、他の細胞に対してだけではありません。自分の細胞内においても、例えば「収縮しなさい」とか、「消化酵素を合成して分泌しなさい」といった命令を伝えています。細胞膜で受け取ったホルモンの命令を核内に伝えたりします。このようにして、細胞の本来のやるべき機能が円滑に遂行できるわけです。

　➡細胞内の命令伝達にも、メッセンジャー物質を介して行う（図4.1）。

図 4.1　**命令伝達**

1. 細胞と細胞の間の命令伝達：ある細胞から他の細胞へも命令が飛ぶ。2. 細胞内の命令伝達：家族内でも指令が飛ぶ。

　これらの命令は非常に多岐にわたるため、細胞はきわめて多種類のメッセンジャー物質を産生しています。さてそのメッセンジャー物質の材料なのですが、これが案外ありふれた物質を使っています。細胞内にたくさんある物質の構造を、少し変えることで、メッセンジャー機能を持たせています。例えば、脂肪酸やアミノ酸や核酸の構造を少しだけ変化させて、メッセンジャー物質を作ったりします **（図 4.2、図 4.3）**。

　➡メッセンジャー物質は、ありふれた物質によく似ている。

図 4.2 メッセンジャー物質産生の例

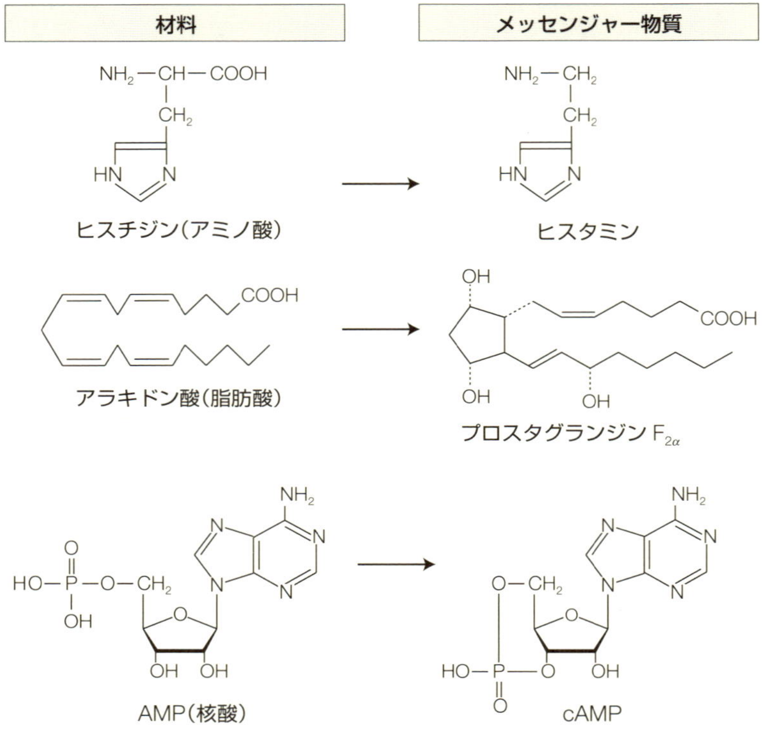

材料	メッセンジャー物質
ヒスチジン（アミノ酸）	ヒスタミン
アラキドン酸（脂肪酸）	プロスタグランジン $F_{2\alpha}$
AMP（核酸）	cAMP

ヒスタミンは、アミノ酸から作られる細胞間メッセンジャー物質。
プロスタグランジンは、脂肪酸から作られる細胞内メッセンジャー物質（図 4.5 参照）。
サイクリック AMP（cAMP）は、AMP から作られる細胞内メッセンジャー物質。

図 4.3　**メールの文面で気力が変わる**

1　あ、健次だ。メールチェックしながら運動か
　　でも何か元気ないね

2　新着メール見たら急に必死で走り出したよ！
　　きっととっても元気が出る文面なんだろうね

メールの文面を微妙に変えるだけで、健次を必死で走らせることができる。きっと元気が出るメールが健次にとってのメッセンジャー物質なんでしょう。

4.2 脂質

　脂質の代表は中性脂肪という話は、p.29でしました。そのほかに、あと2つ知っておきましょう。それはリン脂質とコレステロールです。

A リン脂質

(1) リン脂質と細胞膜

中性脂肪は、グリセロールに脂肪酸が3個くっついたものです。この3個の脂肪酸のうち、端の1個がリン酸に置き換わったのが、リン脂質です。

図で書くと**図4.4**の**A**のようになり、さらに**B**のように書き直すことができます。リン酸は親水性であり、脂肪酸部分は疎水性の長い足ですので、簡単に書くと**C**のようになります。親水性は親水性同士、疎水性は疎水性同士が集まる性質があるので、**C**が多数集まると**D**のような集合体を作ります。これが細胞膜そのものですね。つまり、細胞膜とはリン脂質でできているのです。脂質二重膜などと呼ぶこともあり、細胞膜だけでなく、核やミトコンドリアの膜も、このような構造になっています。なお、実際の細胞膜はこのリン脂質が主成分ですが、コレステロールや蛋白質なども含んでいます。

➡リン脂質には疎水性部位と親水性部位とがある。

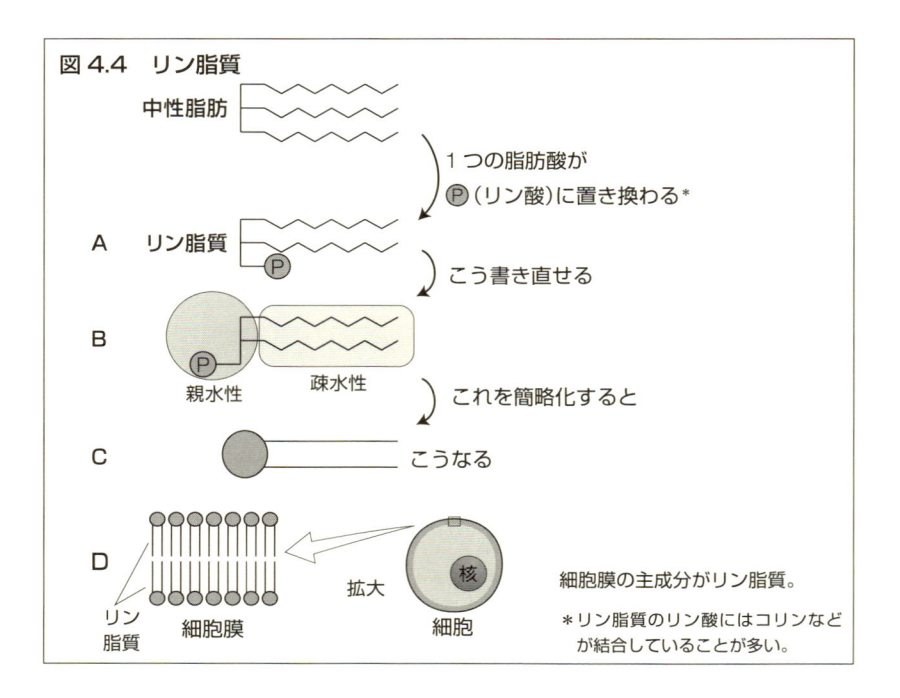

図4.4 リン脂質

A リン脂質
B 親水性/疎水性
C
D リン脂質/細胞膜 拡大 細胞(核)

細胞膜の主成分がリン脂質。

*リン脂質のリン酸にはコリンなどが結合していることが多い。

（2）エイコサノイド

脂肪酸が少しだけ変化すると、メッセンジャー物質に変化できます。例えば、炭素数 20 の不飽和脂肪酸（アラキドン酸）からプロスタグランジン（PG と略す）、トロンボキサン（TX と略す）、ロイコトリエン（LT と略す）などが作られます**（図 4.5）**。これら 3 種にはさらにたくさんの種類があり、平滑筋の収縮や拡張、発熱、痛み、アレルギーなどに関与しています。これらの生理活性物質を総称して、エイコサノイド（エイコサとは 20 という意味）といいます。

アスピリンに代表される解熱鎮痛薬は、この PG などの産生に関与する酵素を阻害することにより、発熱や痛みの発生を抑制しています。

➡エイコサノイドには PG、TX、LT がある。

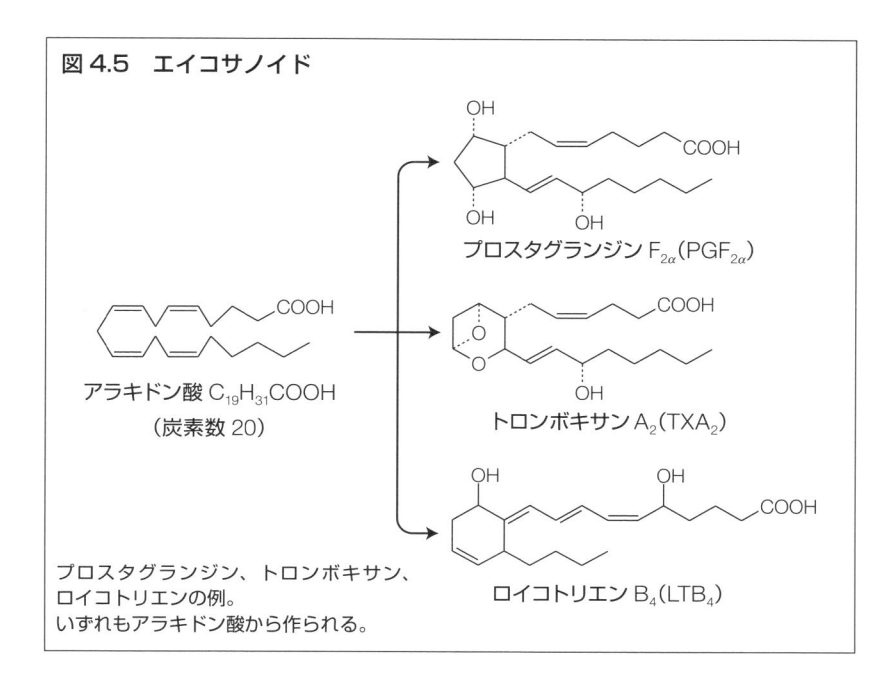

図 4.5 エイコサノイド

アラキドン酸 $C_{19}H_{31}COOH$
（炭素数 20）

→ プロスタグランジン $F_{2\alpha}$（$PGF_{2\alpha}$）

→ トロンボキサン A_2（TXA_2）

→ ロイコトリエン B_4（LTB_4）

プロスタグランジン、トロンボキサン、ロイコトリエンの例。
いずれもアラキドン酸から作られる。

B コレステロール

(1) 構造と生合成

もう1つ重要な脂質に、コレステロールがあります。コレステロールは体内でアセチルCoAから合成することができ、4つの炭素環を持った独特の形をしています。これを**ステロイド基本骨格**といい、ステロイド基本骨格をもった脂質のグループをステロイドといいます。

➡**ステロイドは共通の構造をしている**（図4.6）。

生体内のコレステロールの供給元は、食事と自らの生合成です。通常、毎日食事として0.3〜0.5g程度摂取しており、それ以外に約1g程度が、肝臓やその他の組織で生合成されています。コレステロールは、血液内では脂肪酸と結合したコレステロールエステルという形で存在することが多いようです。

(2) コレステロール誘導体のいろいろ

コレステロールは細胞膜の構成成分として重要ですが、**胆汁酸、ステロイドホルモン、ビタミンD**などの材料としても利用されています。いずれもステロイド骨格を持っています（厳密にはビタミンDは除く）**(図4.7)**。

➡**ステロイドにはコレステロール、胆汁酸、ステロイドホルモンなどがある。**

胆汁酸は胆汁の主成分です。その代表がコール酸です。胆汁酸は、グリシンもしくはタウリンと結合した形（抱合といいます）で、肝臓で合成され、胆汁中に分泌されます。

➡**胆汁酸は、グリシンやタウリンと結合している。**

図4.6 コレステロールとステロイド基本骨格

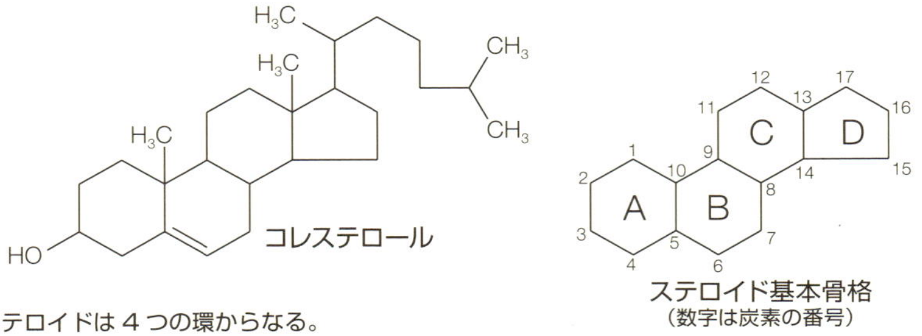

コレステロール

ステロイド基本骨格
（数字は炭素の番号）

ステロイドは4つの環からなる。

4.2 脂質

図 4.7 コレステロール誘導体

A. コレステロール

B. 胆汁酸；コール酸

C. ミネラルコルチコイド
 ；アルドステロン

D. グルココルチコイド
 ；コルチゾン

E. 男性ホルモン
 ；テストステロン

F. 女性ホルモン
 （卵胞ホルモン）
 ；エストラジオール

G. 女性ホルモン
 （黄体ホルモン）
 ；プロゲステロン

H. ビタミン D_3
 （コレカルシフェロール）

← ステロイド基本骨格の
 B 環が開環している

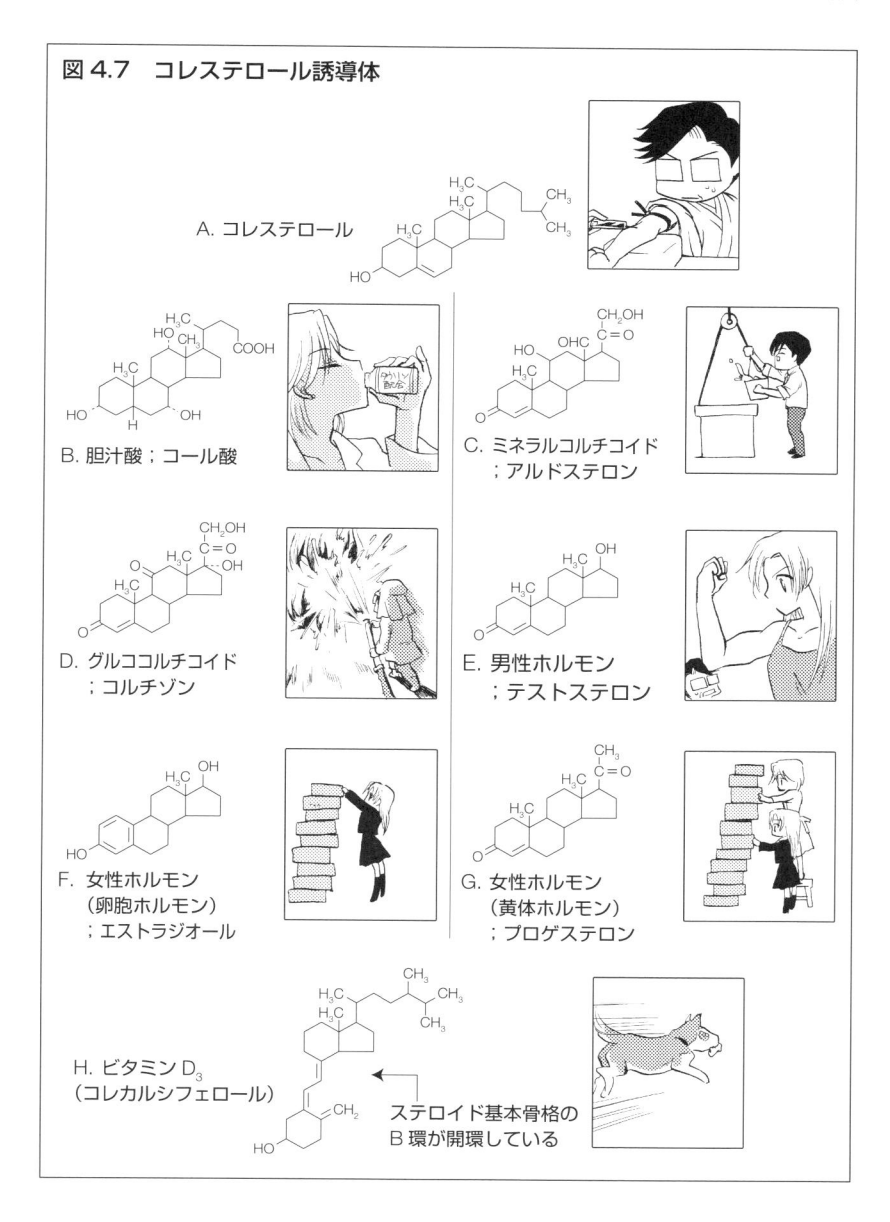

87

副腎皮質および性腺（卵巣と精巣）から分泌されるホルモンは、**ステロイドホルモン**といい、コレステロールを材料にして作られます。いずれも構造はよく似ています。なお臨床分野でステロイドというと、抗炎症作用を持つグルココルチコイドのことを指します。
　➡**種々のステロイドホルモンの構造は、いずれも類似している。**

　ビタミンDは食物中にも含まれていますが、紫外線があたると、皮膚でコレステロールから合成することもできます。ビタミンDはコレステロールから作られますが、その生成途中で4個の炭素環の1つが開環しており、厳密にいうとステロイドではありません。
　➡**ビタミンDも、広い意味でのステロイドの一種。**

4.3 アミノ酸

A 脱炭酸、アミン形成

　アミノ酸は、アミノ基とカルボキシル基とを持っています。エネルギー源として利用する場合は、まずアミノ基をはずして残りの成分（CとHとO）からATPを作ります（p.72）。しかし、アミノ基ではなくカルボキシル基のほうをはずすと、アミノ酸は生理活性物質に変化します。すなわち、アミノ基は持つが、カルボキシル基は持っていない物質です。このようなアミノ基を持った物質をアミンといいます。なお、アミノ基をはずすことを脱アミノ、カルボキシル基をはずすことを脱炭酸といいます。
　➡**アミノ酸が脱炭酸するとアミンになる。**

　例えばヒスチジンが脱炭酸反応を起こすと、アミンができます。このときのアミンを、ヒスタミンといいます。ヒスタミンはニューロンから放出される神経伝達物質として重要ですが、花粉症などのアレルギーをおこしている原因物質でもあります。アミノ酸の脱炭酸の同様な例に、グルタミ

図4.8 アミノ酸が脱炭酸するとアミンになる

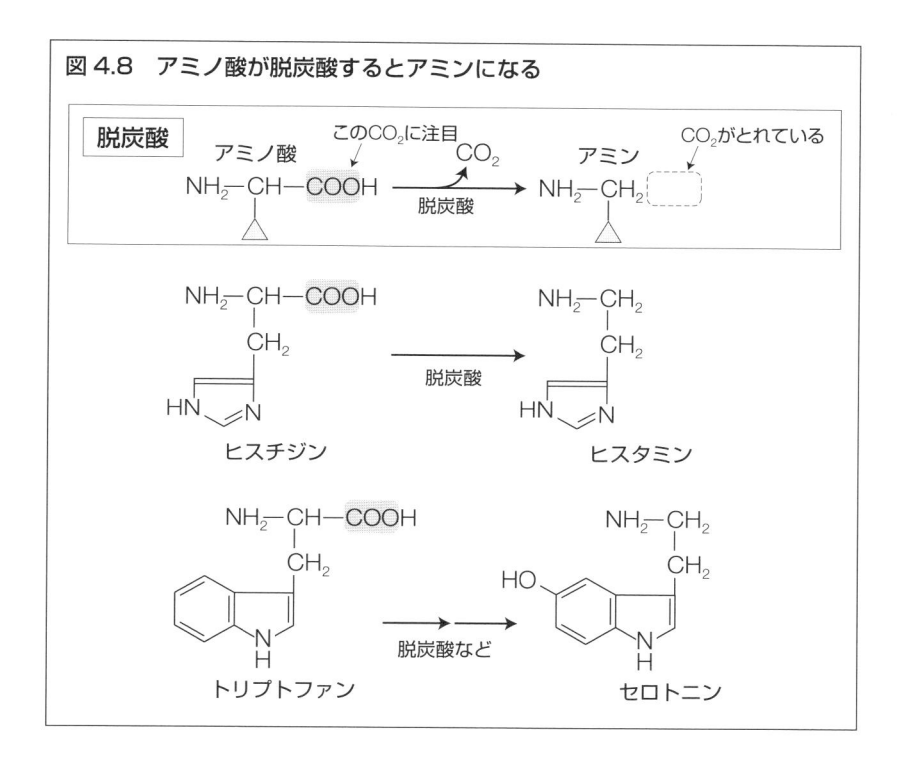

ン酸からできる GABA（γ-aminobutyric acid）、チロシンからできるアドレナリンやノルアドレナリン、トリプトファンからできるセロトニンなどのアミンがあります＊（図4.8）。

➡アミンは生理活性を持つものが多い。

B 例として、チロシンの代謝

アミノ酸の代謝で重要なのは、アミノ基がはずれる場合と、カルボキシル基がはずれる場合です。しかしその2つ以外にも、さまざまな代謝を受けます。その例を、チロシン（Tyr）の場合で説明します（図4.9）。

チロシンの代表的代謝経路は5つあります。まず1番目として、アミノ

＊ 脱炭酸以外にも酸化などの反応を受ける。

図 4.9 チロシンの代謝

① TCA回路へ（NH$_2$がはずれる）
② チラミン（アミン）（CO$_2$がはずれる）
③ 甲状腺ホルモン（I がくっつく）
④ メラニン（色素）← ドーパ（カテコールを持つ）（O による酸化）
⑤ ドーパ → ドーパミン（カテコールアミン）（CO$_2$がはずれる）→ ノルアドレナリン（カテコールアミン）→ アドレナリン（カテコールアミン）

チロシンの構造：NH$_2$-CH-COOH, CH$_2$, ベンゼン環-OH

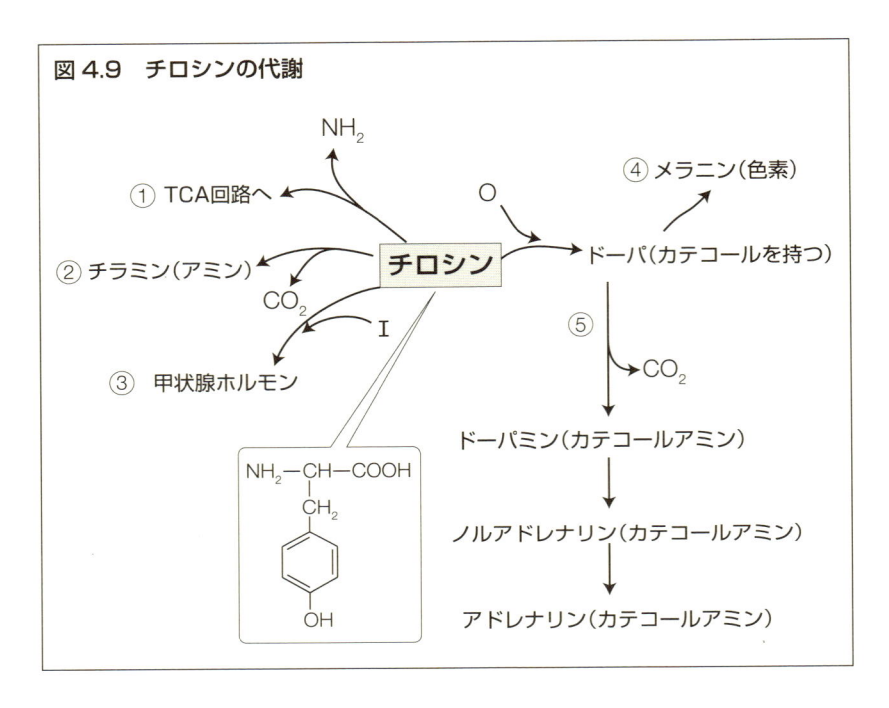

基がはずれて ATP に向かう経路があります。2 番目に、カルボキシル基がはずれると、チラミンという神経伝達に影響を与える物質に変化します。3 番目として、ヨウ素（I）がくっついて甲状腺ホルモンになります。4 番目は、酸化を受けてドーパという物質（アミノ酸の 1 種）になり、このドーパはさらに、メラニンという色素になります。最後の 5 番目として、先ほどのドーパが脱炭酸反応を受けて、ドーパミンというアミンになり、さらにノルアドレナリン、そしてアドレナリンに代謝されます。

➡チロシンは代謝を受けて、さまざまな重要物質に変化する。

なお、ベンゼン環に-OH が 2 個くっついたものをカテコールといい、ドーパミン・ノルアドレナリン・アドレナリンなどはカテコールを持ったアミンなので、これらを総称してカテコールアミンといいます（**図 4.10**）。カテコールアミンは、神経伝達物質やホルモンとして、非常に重要な生理活性物質です。

➡カテコールアミンは非常に重要な生理活性物質。

図 4.10 カテコールとカテコールアミン

ベンゼン　　フェノール　　カテコール（ベンゼン環に−OHが2個ついたもの）

チロシン　→　ノルアドレナリン（カテコールアミン）

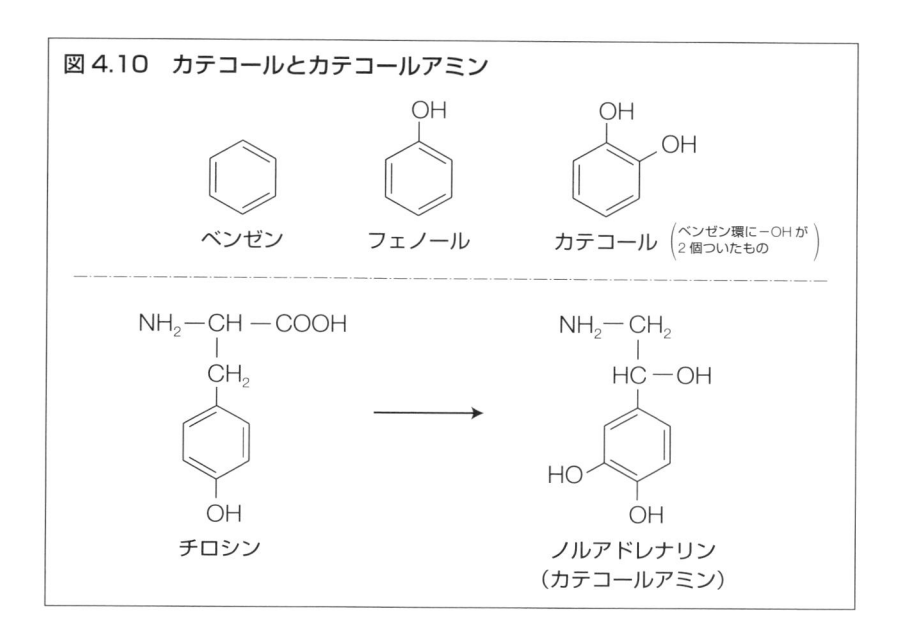

4.4 肝臓での解毒(げどく)

　体内に入った毒物が代謝を受けて、その毒性が低下することを解毒といいます。肝臓で行われることが多いようです。毒物自体を分解して毒性を消失させることもありますが、酸化や還元を行うことにより毒性を低下させることもあります。また抱合（p.92 参照）を行って、体外に排泄可能な形に変えることにより、結果的に毒物の影響を下げることもあります（**図4.11**）。広い意味の解毒には、このような毒性を減弱させる代謝反応まで含めます。

　➡毒物を体外に排泄することが解毒。

図 4.11　抱合反応による解毒

泳げないお父さんは川辺にたたずんでいたが、浮き輪をつけることで川を下ることができた。つまり抱合すること（浮き輪をつけること）によって、体外に排泄可能となる。このように、例えば、ベンゼンは水に不溶性で尿への排泄は不可能であるが、フェノールやベンゼンスルホン酸に変化させると、これらは水に可溶であり、尿から排泄可能となる。

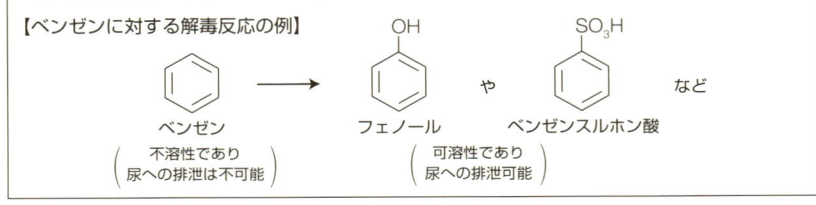

【ベンゼンに対する解毒反応の例】

ベンゼン（不溶性であり尿への排泄は不可能） → フェノール や ベンゼンスルホン酸（可溶性であり尿への排泄可能）　など

確認問題

■ コレステロールから生合成されないのはどれか。
1. 胆汁酸
2. ビタミンD
3. アドレナリン
4. アルドステロン
5. エストラジオール

（臨床検査技師国家試験既出問題）

解説：p.87 参照。アドレナリンはチロシンから作られる（p.90）。【答　3】

■ 神経伝達物質でカテコールアミンはどれか。
1. ドパミン（ドーパミン）
2. セロトニン
3. γ-アミノ酪酸
4. アセチルコリン

（看護師国家試験既出問題）

解説：選択肢の 2. 3. 4. はアミンではあるが、カテコールではない。p.90 参照。【答　1】

第 5 章

遺 伝

生物の究極の目的は次の世代を作ることです。次の世代は自分とほぼ同じものであり、自分の情報は正しく次の世代に伝える必要があります。この情報伝達のしくみが遺伝です。第 5 章では遺伝のしくみについて解説します。

5.1 核酸と遺伝子

A 遺伝と核酸

ウイルスからヒトに至るまで、どんな生物も子孫を残すしくみを持っています。この子孫は自分とほぼ同じものであり、親の情報をさらなる子孫に伝えています。この情報伝達のしくみが遺伝です。

遺伝で伝えられる情報を「**遺伝情報**」といいますが、遺伝情報とは一言でいうと、蛋白質の一次構造の情報（蛋白質のアミノ酸配列の情報）のことです。この蛋白質の情報を伝えるものが核酸という分子であり、ヒトの細胞ではDNA（デオキシリボ核酸）という形で核の中に収められています。

➡ 遺伝情報とは蛋白質の一次構造の情報のこと。

B DNAの成分

DNAは、3つの大きな成分から成り立っています。その3つとは、**塩基・糖・リン酸**です（**図5.1**）。塩基には4種類あり、アデニン（Aと略す、以下同じ）、グアニン（G）、シトシン（C）、チミン（T）です。アデニンとグアニンはプリンという仲間、シトシンとチミンはピリミジンという仲間です。

糖はデオキシリボース（$C_5H_{10}O_4$）という五炭糖です。単糖は一般に

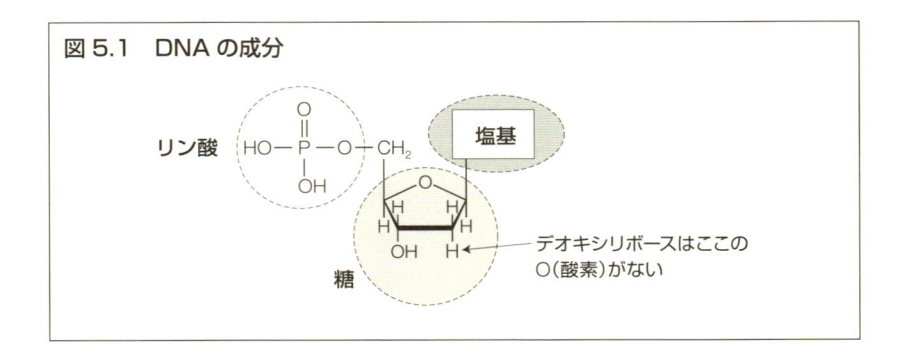

図5.1 DNAの成分

デオキシリボースはここのO（酸素）がない

$C_nH_{2n}O_n$ でしたね。しかし、DNA の糖は酸素が1個少ない糖、すなわちデ（"ない"という意味）オキシ（酸素という意味）(deoxy-) の五炭糖なのです。

➡ DNA の成分は、AGCT の塩基とデオキシリボースとリン酸。

プリンもしくはピリミジンという塩基と、リボースもしくはデオキシリボースとが結合したものを、ヌクレオシドといいます。さらにこれにリン酸が結合したものを、ヌクレオチドといいます。このあたりがあやふやな人は、第2章の核酸の項目（p.52）をもう一度復習してください。

➡ 3段活用：塩基→ヌクレオシド→ヌクレオチド

C DNA の構造

まず、ヌクレオチドはリン酸を介して1本の鎖のようにずらーっと並ぶことができます。これが1本鎖の DNA です。この鎖では4種類の塩基が、ある目的を持って決まった順番に並んでいます。この塩基の並び方が、非常に重要で深い意味があるのです。塩基の並び方を**塩基配列**といいますが、この塩基配列こそが遺伝情報そのものなのです（**図 5.2**）。

➡ 塩基配列つまり塩基の順番が最も重要。

図 5.2　**並びが大事**

日本語は50音のひらがなだけで、どんな意味も表せる

英語もアルファベット26文字で、どんな意味も表している

遺伝子は、塩基4種類だけですべてを表している

コンピュータは、0と1の2文字だけだね

ワンワン

どこかで聞いたような会話…

日本語も英語も遺伝子もコンピュータも、ある特定の記号の並ぶ順番によって、いろんな意味を表現できる。

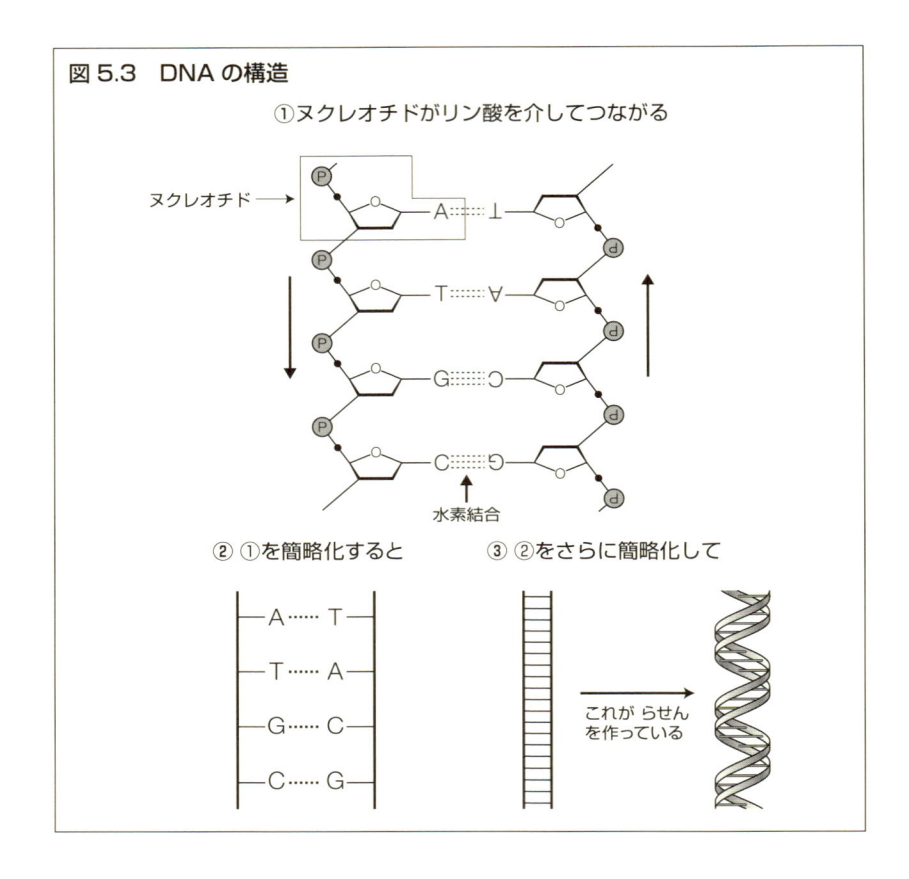

図 5.3　DNA の構造

①ヌクレオチドがリン酸を介してつながる

②①を簡略化すると　　③②をさらに簡略化して

これが らせん を作っている

　DNA の構造をもう少し詳しく見てみましょう（**図 5.3**）。DNA はヌクレオチドが自分のリン酸（P）を介して鎖状につながったものです。P-糖-P-糖-P-糖-……とつながっており、糖の部分から塩基が枝のように飛び出しています。

　塩基同士は**水素結合**で引きつけ合うことができ、この時 A と T、G と C とが必ずペアになります。A と T とは 2 本の水素結合で、G と C とは 3 本の水素結合で引きつけ合っています。それ以外とはペアを作りません。

　2 本の DNA 鎖がこの水素結合でお互いに引き合うとき、形としてはハシゴ状なのですが、らせん形を形成すると立体的にうまく形がおさまります。実際の細胞内では 2 本の DNA 鎖が水素結合でお互いに引き合いながら、らせん構造を形成しています。生物学の分野で二重らせんというと、

この 2 本の DNA 鎖のことを指します。

➡ DNA は 2 本鎖のらせん、すなわち二重らせん

ここで重要なポイントは以下の 2 点です。

まず 1 点目：この 2 本の鎖は、ある条件下では簡単にほどけたりくっついたりできます。2 本鎖 DNA は、2 本の 1 本鎖 DNA が塩基の水素結合により結合していますが、この結合力は弱いので、容易にほどけたり、さらにもとの 2 本鎖に復元したりします。

2 点目：2 本鎖の場合には、A と T、G と C とが必ず対になっています。塩基が対を作るときの相手が必ず決まっており、それ以外の対を絶対に作らないことが、遺伝情報を正確に伝えるキモなのです。ペアになる塩基はお互いに鋳型の関係にあり**（図 5.4）、相補的塩基対**という表現をします。

したがって、たとえば、2 本鎖 DNA の水溶液を温めてお湯にすると、2 本鎖がほどけて 1 本鎖になり、冷やすとまたもとの 2 本鎖を形成します。

➡ 2 本の DNA 鎖は相補的塩基対のものが結合する。

図 5.4　ペアになる塩基はお互いに鋳型の関係

ハリウッドの歩道にて。ジョニー・デップの手形に友紀の手はぴったりとは合わなかった。2 本鎖 DNA では、A と T、G と C が対になっていて、お互いに鋳型の関係にあり、相補的塩基対といういい方をする。

D DNAの複製

　細胞が分裂して2個になるときは、DNAも2つに分かれます。DNAがそのまま2つに分かれると量が半分になるので、通常は分裂前にDNAは2倍に増え、細胞分裂でもとの量に戻る、というしくみになっています。

　DNAが2倍に増えるしくみを説明します**(図5.5)**。まず細胞分裂の前に、2本鎖が部分的にほどけます。ほどけたところから順次、相手の鎖を作っていきます。このとき、相補的塩基対になるように相手を作っていきます。その結果、2本鎖が2組、合計4本の鎖ができます。それで分裂時に2本ずつ分配すると、ちょうどもとに戻るわけです。相補的塩基対を守ることで、半永久的に同じDNAを複製できます。

➡ 相補的塩基対のDNAは、何回も同じものが複製可能である。

E 転写と翻訳

　では、DNAが持つ遺伝情報をどうやって読みとっていくかの説明をします。そもそも遺伝情報とは、蛋白質の一次構造のことです。DNA塩基4種類の並び方で、アミノ酸20種類の並び方を規定しているわけです。

　まず、核の中でDNAの目的の遺伝情報を持った部位の二重らせんがほどけ、その部位の配列と相補的塩基対になるようにRNAが作られます。この過程を転写といい、写しとられたRNAをmRNA（メッセンジャーRNA）、転写を行う酵素（mRNAを作る酵素）をRNAポリメラーゼといいます。DNAは2本鎖ですが、mRNAに読みとられるのは必ず片方のDNAだけです**(図5.6)**。

➡ DNA情報はRNAに写しとられる。これを転写という。

　DNAのすべての塩基配列が遺伝情報を伝えているわけではなく、DNAには遺伝情報としては不要な部分も含まれています。mRNAはDNAのすべての情報をそのまま写しとるので、できたてのmRNAには不要な部分も写しとられて無駄に長いです。そこでmRNAは次に、不要な部分は捨てて必要な部分だけになって短くなります。これを**スプライシング**とい

5.1 核酸と遺伝子

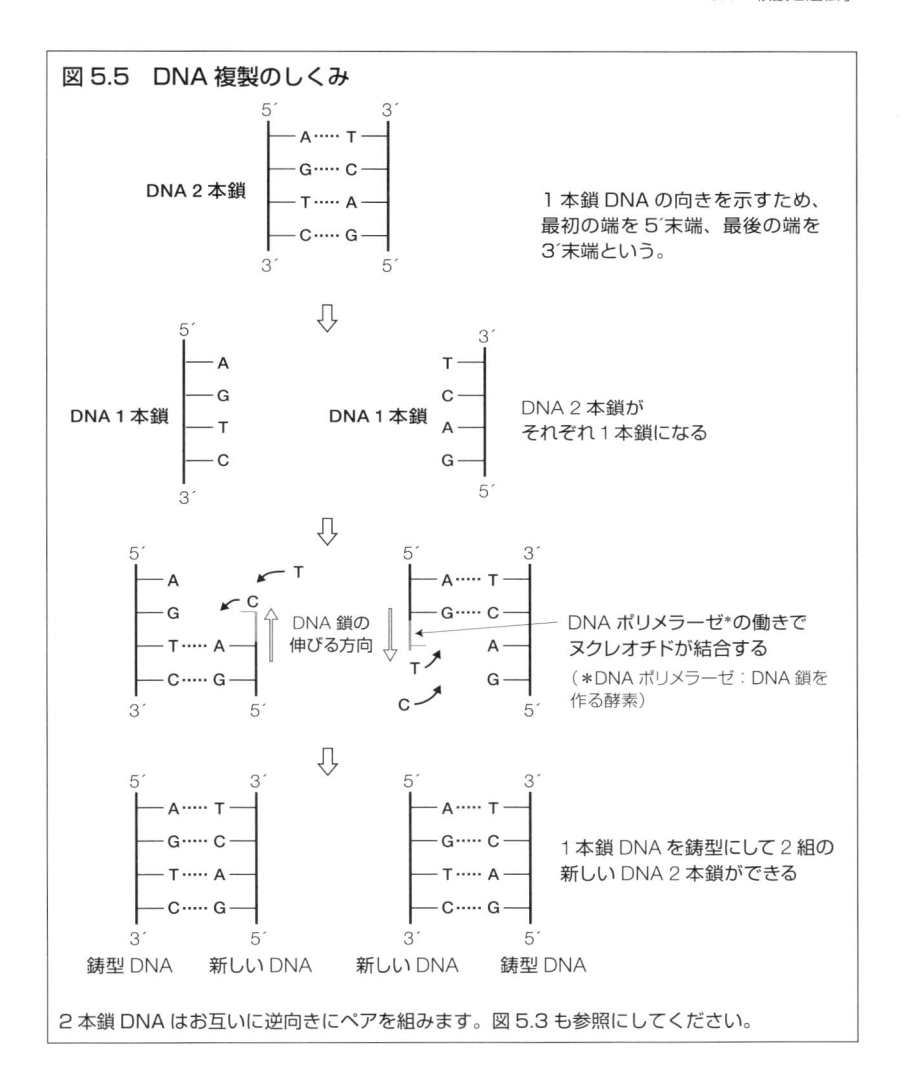

> **図 5.5　DNA 複製のしくみ**
>
> DNA 2 本鎖
>
> ```
> 5'      3'
> —A……T—
> —G……C—
> —T……A—
> —C……G—
> 3'      5'
> ```
>
> 1 本鎖 DNA の向きを示すため、最初の端を 5′末端、最後の端を 3′末端という。
>
> ⇩
>
> DNA 1 本鎖
> ```
> 5'
> —A
> —G
> —T
> —C
> 3'
> ```
>
> DNA 1 本鎖
> ```
>     3'
>  T—
>  C—
>  A—
>  G—
>     5'
> ```
>
> DNA 2 本鎖がそれぞれ 1 本鎖になる
>
> ⇩
>
> DNA 鎖の伸びる方向
>
> DNA ポリメラーゼ*の働きでヌクレオチドが結合する
> (*DNA ポリメラーゼ：DNA 鎖を作る酵素)
>
> ⇩
>
> ```
> 5'      3'       5'      3'
> —A……T—         —A……T—
> —G……C—         —G……C—
> —T……A—         —T……A—
> —C……G—         —C……G—
> 3'      5'       3'      5'
> 鋳型 DNA 新しい DNA  新しい DNA 鋳型 DNA
> ```
>
> 1 本鎖 DNA を鋳型にして 2 組の新しい DNA 2 本鎖ができる
>
> 2 本鎖 DNA はお互いに逆向きにペアを組みます。図 5.3 も参照してください。

います。

　➡ **mRNA は必要なところだけになって短くなる。**

　必要十分な長さになった mRNA は、細胞の核から出て、細胞質に移動し、**リボソーム**にて、3 塩基ごとに読みとられて、それに対応したアミノ酸でペプチド鎖が形成されていきます。この 3 文字暗号のことを**コドン**といい

99

図 5.6　転写の原理

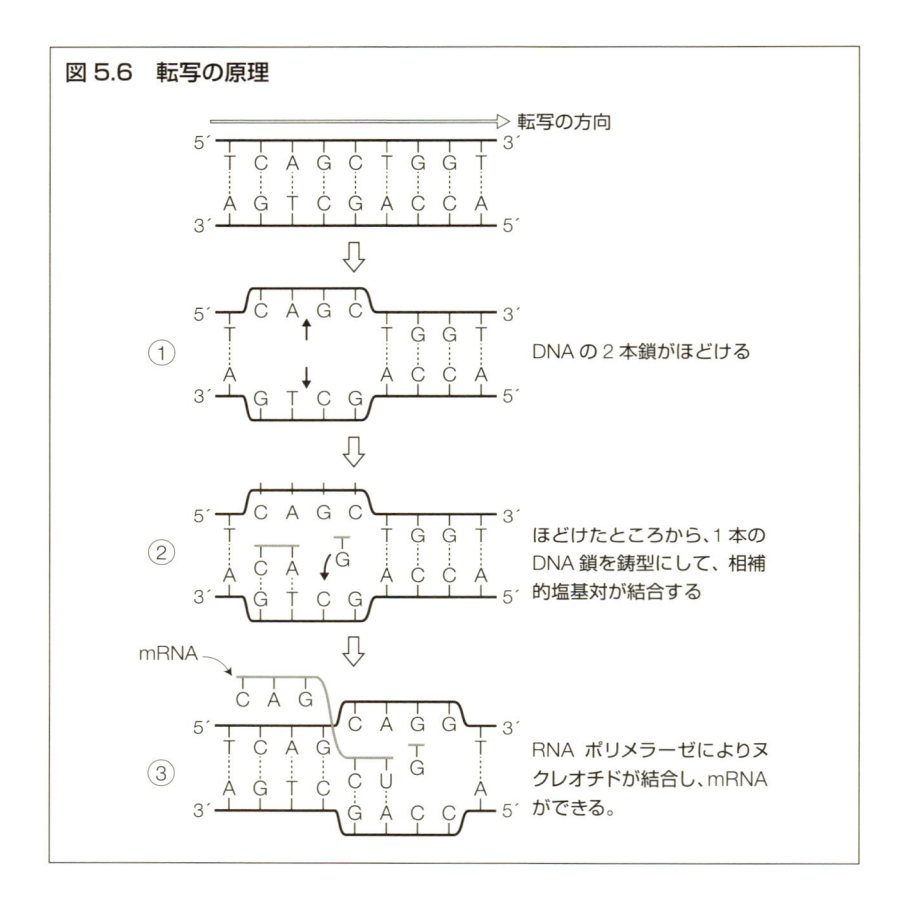

① DNA の 2 本鎖がほどける

② ほどけたところから、1 本の DNA 鎖を鋳型にして、相補的塩基対が結合する

③ RNA ポリメラーゼによりヌクレオチドが結合し、mRNA ができる。

ます。コドンがどのアミノ酸に対応しているかを**表 5.1** に示します。

➡ **mRNA は 3 文字ごとにアミノ酸に置き換えられる。**

　まずは最初の 3 塩基で最初の 1 個のアミノ酸が運ばれてきて、次の 3 塩基で 2 個目のアミノ酸が運ばれてきて 1 個目に結合されます。これでジペプチドができたわけです。そして次の 3 塩基で 3 個目のアミノ酸が運ばれてきて 3 個目に結合されトリペプチドができます。そして、次の 3 塩基で 4 個目のアミノ酸が運ばれてきて、4 個目に結合されてテトラペプチドができ…という具合にペプチド鎖が 1 つずつ長くなり、停止コドンが現われるまで、このペプチド鎖の伸長が続きます。このように mRNA から蛋白

表5.1 3文字コドンの表

1文字目	2文字目 U		2文字目 C		2文字目 A		2文字目 G		3文字目
U	UUU UUC	フェニル アラニン	UCU UCC	セリン	UAU UAC	チロシン	UGU UGC	システイン	U C
U	UUA UUG	ロイシン	UCA UCG	セリン	UAA UAG	終止コドン	UGA UGG	終止コドン トリプトファン	A G
C	CUU CUC CUA CUG	ロイシン	CCU CCC CCA CCG	プロリン	CAU CAC	ヒスチジン	CGU CGC CGA CGG	アルギニン	U C A G
C					CAA CAG	グルタミン			
A	AUU AUC	イソロイシン	ACU ACC ACA ACG	スレオニン	AAU AAC	アスパラ ギン	AGU AGC	セリン	U C
A	AUA AUG	メチオニン （開始コドン）			AAA AAG	リシン	AGA AGG	アルギニン	A G
G	GUU GUC GUA GUG	バリン	GCU GCC GCA GCG	アラニン	GAU GAC	アスパラ ギン酸	GGU GGC GGA GGG	グリシン	U C A G
G					GAA GAG	グルタミン酸			

合成への過程を翻訳といいます（**図5.7**）。

➡ **RNAから蛋白質への変換過程を翻訳という。**

この蛋白合成は、細胞内のリボソームで行われます。ペプチド鎖合成のためのアミノ酸をリボソームに運んでくる仕事はRNAがやっており、これをtRNA（転移RNA）といいます（**図5.8**）。なお、リボソーム自体の主成分もRNA（リボソームRNA）です。

➡**蛋白合成はリボソームで行われている。**

図 5.7　翻訳

リボソームでのペプチド鎖合成。mRNAの塩基は順番に3文字ずつの暗号になっている。それに相当するアミノ酸がリボソームに順次やって来て、順次結合されていく。

図5.8 tRNA

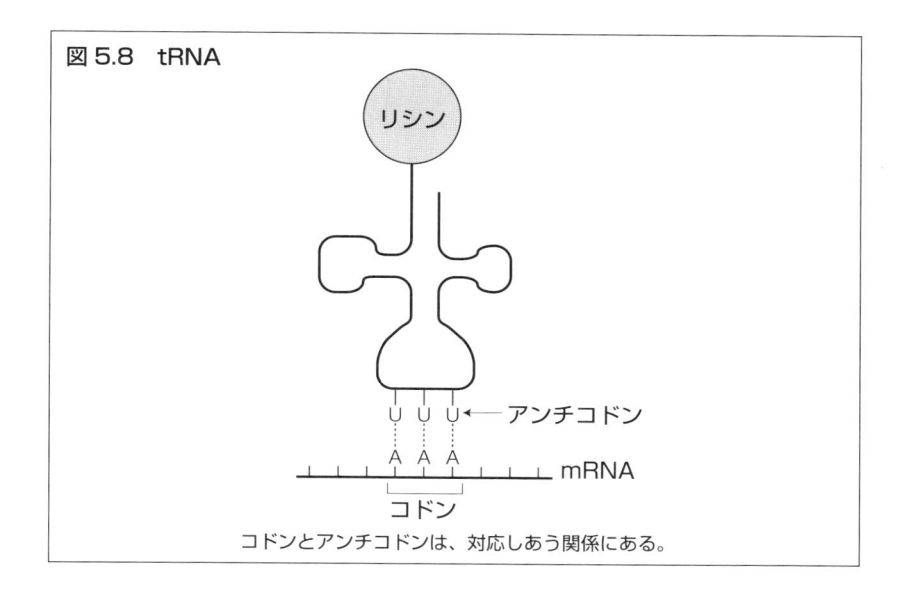

リシン

U U U ← アンチコドン
A A A
mRNA
コドン

コドンとアンチコドンは、対応しあう関係にある。

> **column PCR（ポリメラーゼ連鎖反応）**
>
> PCRは、実験上、ある特定のDNAの量を増やしたいときに用いる手法です。2本鎖DNAは高温では1本鎖に分かれ、低温になると相補的なDNA同士が2本鎖を作るという性質を利用しています。目的のDNAに、DNA合成酵素および目的の部位を示す短い相補的DNA（これをプライマーという）とを混ぜます。この溶液を高温にすると、目的のDNAは1本鎖に分かれ、そのまま温度を下げるとプライマーが結合し、そのままDNA合成酵素により、2本鎖のDNAが合成されるというわけです。その結果、目的のDNA量は2倍となります。これを再度繰り返すと4倍、8倍、16倍…と、目的のDNA量を増やすことができるのです。このしくみを考案したキャリー・マリスは、1993年にノーベル化学賞を受賞しました。

5.2 遺伝子発現の調節

A ホモとヘテロ

　ある蛋白質を体内に作れるかどうかは、その遺伝子が DNA 上にあるかないかによります。遺伝子は蛋白質の設計図なので、設計図があればその蛋白質が作れるし、なければ作れない、という非常に単純な話です。設計図に間違いがあれば、その間違い通りの不完全な製品を作りますし、設計図が欠損していれば製品は作れなくなります。もし不完全な製品、すなわち異常な蛋白質を作ると、その存在自体が病気を引き起こすことがあります。

　常染色体は両親から1個ずつもらいます。通常は、この2つの遺伝子はどちらも同じものであり、どちらの遺伝子を読もうと、できる蛋白質は同じものです。2つの遺伝子が同じ場合をホモ、異なる場合をヘテロといいます（**図 5.9**）。

➡ 2つの遺伝子が同じ場合をホモ、異なる場合をヘテロという。

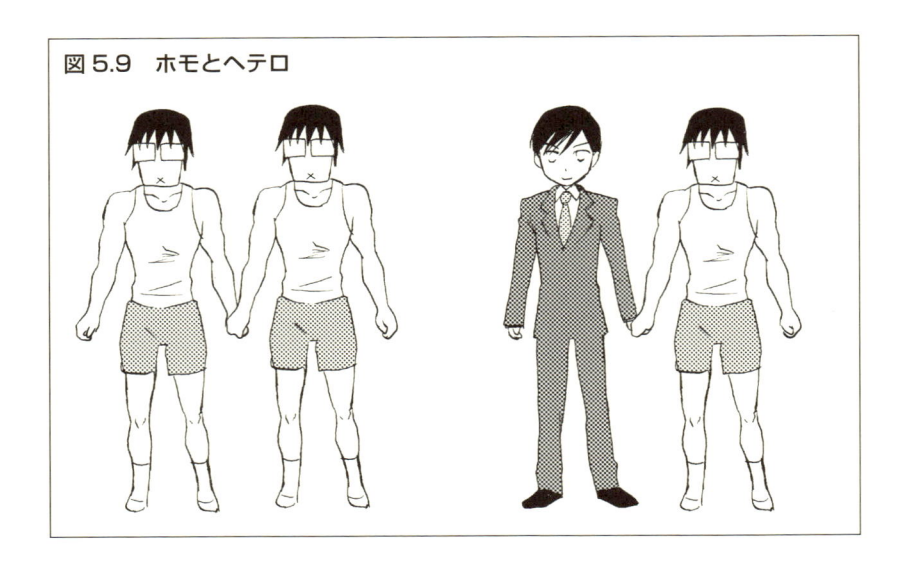

図 5.9　ホモとヘテロ

B 常染色体優性遺伝

　もし片方の親から受け取った遺伝子に、病的な異常蛋白質の作り方が書いてあったらどうなるでしょうか。正常遺伝子と異常遺伝子の、2つを持つわけです。ある場合には正常遺伝子を、またある場合には異常遺伝子を読みます。したがって、程度の差こそあれ、病的蛋白質が産生されてしまいます。

　このように、病的な異常蛋白質を作ってしまう異常遺伝子の場合には、それを持つことが、そのまま発症に結びつきます。この、ヘテロでも発症する遺伝形式を、常染色体優性遺伝といいます（**表 5.2**）。

➡ヘテロでも発症する遺伝形式を、常染色体優性遺伝という。

C 常染色体劣性遺伝

　もし片方の親から受け取った遺伝情報中に、ある遺伝子が欠損していたらどうなるでしょうか。もう片方の親から受け取った遺伝情報中には、その遺伝子は存在しています。つまり、その人はその遺伝子を1つだけ持っていることになります。蛋白質を作るには、通常は遺伝子は1つあれば十分なので、この場合は正常な蛋白質を作ることができ、症状としては何も現われてきません。

　両親から受け取った遺伝情報が、両方ともに、ある遺伝子が欠損していたら、その人はその遺伝子をまったく持たないことになります。この場合は、その蛋白質を作ることができなくなります。

　このように遺伝子が欠損している場合には、両親から受け取った2つの遺伝情報中にともに欠損している場合にのみ、すなわちホモの場合のみ発

表 5.2　遺伝形式の比較

常染色体優性遺伝	ヘテロでも発症する
常染色体劣性遺伝	ホモで発症する。保因者が存在する
性染色体劣性遺伝	X染色体上の遺伝子に欠損があるとき、男性はそのまま発症する。女性はホモで欠損の場合に発症。ヘテロでは保因者となる。

症します。このような遺伝形式を常染色体劣性遺伝といいます。

➡ホモで発症する遺伝形式を、常染色体劣性遺伝という。

　遺伝子の欠損が1つだけの場合は、発症しないので保因者といいます。保因者からは、その遺伝情報が子に伝わります。両親ともに保因者の場合のみ、4分の1の確率で発症します。ということは、4万人に1人の割合で生じる常染色体劣性遺伝病の保因者の割合は100人に1人です。なぜなら保因者同士がカップルになる確率が1万分の1、さらに発症率が4分の1だからです。詳細はcolumnを読んでください。

➡常染色体劣性遺伝には、保因者が存在する。

---

column　遺伝病の保因者の割合

　たとえば、常染色体劣性遺伝病の保因者が100人に1人の割合でいたとします。この遺伝病は、何人に1人の割合で発症するでしょうか？　実は4万人に1人なのです。なぜなら、まず保因者の確率が1/100。そして、この保因者同士がカップルになる確率が、1/100×1/100＝1/10000となります。さらに発症率が1/4なので、1/10000×1/4＝4万分の1となります。つまり、4万人に1人の割合で生じる常染色体劣性遺伝病の保因者の割合は、100人に1人なのです。

D 性染色体劣性遺伝

　性染色体は女性がXX、男性がXYです。X染色体上の遺伝子に欠損がある場合には、女性は保因者になりますが、男性はそのまま発症してしまいます。このような遺伝形式を、性染色体劣性遺伝といいます。女性はホモになった場合のみ発症します。

➡X染色体を介した表現形式は、男性のほうが現われやすい。

E 遺伝子発現の調節

　遺伝子により決定される形質が蛋白質として現われることを、遺伝子発

現といいます。ヒトのすべての体細胞は同じ遺伝子を所有しています。しかし、細胞によってその含有蛋白質は異なっています。これは、細胞によって遺伝子発現が異なることを示しています。遺伝子発現は、細胞が違えば当然違ってきますが、同じ細胞でもその時期により変動します。

➡ 遺伝子発現は常に調節を受けている。

　細胞内で、現在どれだけ蛋白質を作っているかは、その蛋白の mRNA 量にほぼ比例します。すなわち転写がさかんになれば、結局その蛋白産生量が増加するわけです。この転写速度はいろいろな物質で調節されており、遺伝子発現を調節している遺伝子も多数あります。

➡ 遺伝子発現量は mRNA の量に比例する。

5.3　ウイルスの増殖

A　ウイルスの構造と増殖のしくみ

　ウイルスは、核酸とその核酸を入れる蛋白質の容器からできています。「生物」と単なる「物質」との、中間のようなものです。そのため、大きさは非常に小さく、たとえばその直径は、インフルエンザウイルスで約 100 nm です。ヒトの細胞は白血球が約 10 〜 30 μm ですので、細胞のおおよそ数百分の1程度だと思っていればいいでしょう。このため、インフルエンザウイルスは、ガーゼマスクなどはすんなり通過してしまいます。

➡ ウイルスは核酸とその容器からできている。

　ウイルスが増殖するためには、核酸を増やすことと蛋白質の容器を作ることの2つが必要ですが、自分だけでこれを遂行することは不可能です。そこで、ウイルスは一般の細胞内に侵入して、その細胞の機能を利用して、自分の核酸と蛋白質の容器を、その細胞に作らせます。細胞内で自分のコピーをたくさん複製させたら、最後にその細胞が破裂して多数の増殖した

ウイルスが飛び出す、というのが代表的なウイルス増殖のしくみです。

➡ウイルスは細胞内に侵入して、そこで増殖する。

B ウイルスの核酸

　ウイルスの核酸には、必要最低限の遺伝情報しか記載されていません。容器の蛋白質の遺伝情報は必須であり、これに加えて、細胞に侵入したり複製のために必要な酵素情報などが書き込まれています。容器も、球形をした1個の蛋白質である必要はなく、たとえば三角形の板状の蛋白質を作れば、これを20個組み合わせることにより、正20面体の球を作ることができます。それに必要な遺伝情報は、三角形の板状蛋白質1種類の遺伝子だけでまかなえます（図5.10）。サッカーボールも正五角形と正六角形の2種類の形から成り立っており、正五角形と正六角形の2種類の形の板さえ作れれば、サッカーボールのような、それなりに大きな球を作ることができ、中に入れる核酸も、それなりに大きなサイズが可能です。

➡ウイルス遺伝子には、容器の情報も書き込まれている。

　ウイルスによっては、侵入した細胞のDNAに、自分の遺伝子を組み込ませてしまうものもあります。細胞のほうは、いったん組み込まれてしまった遺伝子は消去することはできず、細胞が分裂するたびに、そのウイルスの遺伝子も一緒に増やすことになります。ヒトの細胞のDNAを分析すると、このようにウイルス由来と思われる部分が、たくさんあります。

➡細胞の遺伝子が、ウイルス遺伝子を組み込んでしまうこともある。

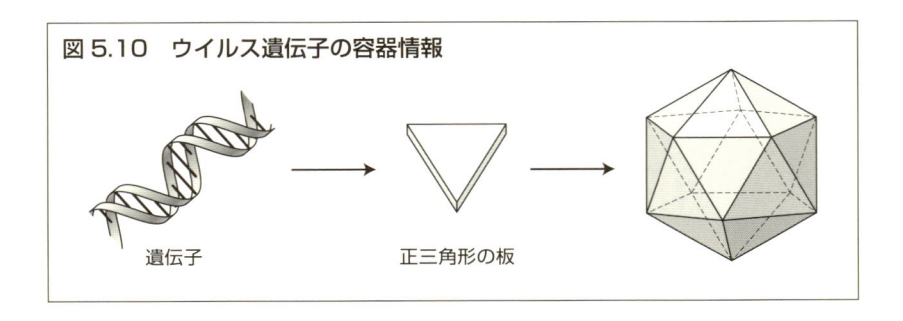

図5.10　ウイルス遺伝子の容器情報

遺伝子　→　正三角形の板　→

5.4 遺伝子工学

　生物の遺伝子を人工的に操作して、自然界ではまず起こり得ない遺伝子に変化させることを、遺伝子工学といいます。たとえば、細菌や動物の細胞に新しい遺伝子を挿入したり、すでにある遺伝子を消去したりする方法です。

A 細菌への遺伝子導入

　たとえば、発光クラゲの遺伝子を大腸菌に人工的に組み込むと、大腸菌はその遺伝子の命令に従って、発光蛋白質を作り出します。その結果、紫外線をあてると、その大腸菌はあたかも発光クラゲのように、緑色に発光します。実際には、遺伝子を持つことは、必ずしもその遺伝子の発現には直結しないので、その遺伝子を発現させるにはいろいろ工夫が必要なのですが、これは非常にややこしいので、今回はその工夫に関しての説明は省略します。

　同様に、インスリンの遺伝子を大腸菌に人工的に組み込むと、大腸菌はその遺伝子の命令に従ってインスリンを作り出します。このようにして現在では、細菌や動植物細胞を利用して、ホルモンや抗体などの有用な蛋白質を大量に得ることができます。

➡細胞へ別な遺伝子を導入して、その蛋白質を作らせることができる。

B 遺伝子組み換え動物

　ある遺伝子を受精卵に人工的に入れると、その受精卵から発生した動物は、すべての細胞がその遺伝子を持つことになります。

　たとえば、小さな種類のネズミの受精卵に大きな種類のネズミの成長ホルモンの遺伝子を入れると、生まれてきたネズミはやがて大きく成長します。また、ネズミの受精卵に発光クラゲの遺伝子を入れると、生まれてきたネズミの細胞は発光蛋白質を産生しているため、紫外線をあてると体の

あちこちが緑色に光ります。体全体が均一に光らないのは、細胞によって発光クラゲの遺伝子発現の程度が異なる、つまり発光蛋白質の産生量が異なっているからです。

　さらに、ホルモンの遺伝子と発光クラゲの遺伝子とを、1つに組み合わせてネズミの受精卵に入れると、そのネズミが成長後、体の中のどの細胞がどのくらいホルモンの遺伝子が発現しているのかを、発光の強さによって測定することができます。

　このように発光クラゲの遺伝子は、遺伝子工学の分野で非常に利用価値が高く、その発見者である下村脩博士は2008年のノーベル化学賞を受賞しました。

➡受精卵に遺伝子を組み込むと、生まれた動物はその遺伝子を持つ。

C 遺伝子ノックアウト動物

　遺伝子は入れるばかりでなく、消去することもできます（このやり方もややこしいので、その説明は省略します）。たとえば、ネズミからあるホルモンの遺伝子を消去すると、そのネズミはそのホルモンを産生できないことになり、そのホルモンの働きが解明できます。このように、ある遺伝子を消去した動物を、遺伝子ノックアウト動物（KO動物）といいます。

　このように遺伝子を入れたり消去したりすることにより、遺伝子のしくみが解明できるだけでなく、実社会において、たとえば食糧生産の増大などに応用可能です。

➡動物から、ある遺伝子を消去することもできる。

> **column　精子なしでも子どもが作れる**
>
> 　遺伝子組み換えなどの技術を使うと、たとえばネズミの卵子の遺伝子を操作することによって、2個の卵子から1匹の子ネズミを誕生させることもできます。精子なしでも、子どもが産まれるのです。これは、東京農業大学の河野友宏博士が開発した技術です。遺伝や進化のしくみの解明には非常に役立ちますが、ヒトへの応用はまったく不可能です。

確認問題

■DNA の三次元立体構造と役割の解明に貢献したのは誰か。
a. Charles R Darwin
b. Barbara McClintock
c. Gregor J Mendel
d. Jacques L Monod
e. James D Watson

(医師国家試験既出問題)

解説：a. ダーウィン、英国。進化論を提唱。1809～1882。b. マクリントック、米国。トランスポゾンという特殊な遺伝子を発見。1902～1992。c. メンデル、オーストリア。遺伝の法則を発見。1822～1884。d. モノー、フランス。遺伝子発現調節の仕組みを発見。1910～1976。e. ワトソン。米国。クリックらと DNA の二重らせん構造を発見。1928～。【答　e】

■遺伝で正しいのはどれか。
1. 細胞は器官によって異なる遺伝情報を持つ。
2. 3つの塩基で1種類のアミノ酸をコードする。
3. 動物と植物の DNA は異なる塩基を持つ。
4. 遺伝情報に基づき核内で蛋白合成が行われる。

(看護師国家試験既出問題)

解説：1. 同じ個体の細胞はすべて同じ遺伝情報を持つ。2. 正しい。3. DNA の塩基の種類はすべての生物で同じ。4. 蛋白合成は細胞質のリボゾームで行われる。【答　2】

■核酸で正しいのはどれか。
1. mRNA がアミノ酸をリボソームへ運ぶ。
2. DNA は1本のポリヌクレオチド鎖である。
3. DNA には遺伝子の発現を調節する部分がある。
4. RNA の塩基配列によってアミノ酸がつながることを転写という。

(看護師国家試験既出問題)

解説：1. アミノ酸を運んでいるのは tRNA。2. DNA は2本鎖。3. 正しい。4. これは翻訳の説明。転写とは DNA の情報を RNA に写し取ること。【答　3】

■核酸の構造と性質に関する記述のうち、正しいものの組合せはどれか。
a. DNA には 2-デオキシリボースが、RNA にはリボースが含まれる。
b. DNA 及び RNA を構成する塩基のうち、アデニン、グアニン、シトシンは DNA と RNA の両者に共通であり、残りの1種類は DNA ではウラシル、RNA ではチミンである。
c. DNA の熱変性は、分子内ホスホジエステル結合の加水分解による。
d. 細菌内に存在するプラスミドは、環状構造をした DNA である。

1 (a、b)　2 (a、c)　3 (a、d)　4 (b、c)　5 (b、d)　6 (c、d)

(薬剤師国家試験既出問題)

解説：a. 正しい。b. 残りの1種類はDNAではチミン、RNAではウラシル。c. DNAは熱を加えると2本鎖が1本鎖になる。これを熱変性といい、熱により水素結合がこわれたのが原因（p.97、103を参照）。d. 正しい。プラスミドとは細菌などに存在し、染色体DNAよりずっと小さな環状のDNAのこと。【答　3】

■スプライシングについて正しいのはどれか。

1. 転写の開始点を選択する。
2. DNAからmRNAを作製する。
3. mRNAの5′末端にCap構造を付加する。
4. mRNAを読み取ってアミノ酸に変換する。
5. イントロンを切り取りエクソンをつなげる。

(臨床検査技師国家試験既出問題)

解説：1. 開始コドンから転写が始まる。2. これは転写の説明。3. これは翻訳の説明。翻訳に際して開始点を明確にするためにmRNAにはCap構造というものが付加される。4. これは翻訳の説明。5. 正しい。【答　5】

第 6 章

酵 素

生体ではさまざまな代謝が行なわれていますが、これらはすべて化学反応です。この化学反応は酵素による触媒作用により調節されています。第 6 章では酵素について解説します。

6.1 酵素とは

A 化学反応：触媒、基質、生成物

　生体内ではさまざまな化学反応が行われています。その化学反応を調節しているのが酵素です。たとえば、こっちの反応は素早く行い、あっちの反応はゆっくり行い、そしてこの反応はストップさせる、といった反応速度の調節を酵素は行っています。このように化学反応の速度を変化させる（通常は促進させる）物質を**触媒**といい、酵素は生体内外の化学反応における触媒として作用しています。

　化学反応では、もとの物質からある反応が起こり、新しい物質が産生されます。もとの物質のことを**基質**、新しくできた物質を**生成物**といいます。そしてこの化学反応を促進させる物質が触媒でしたね。たとえば過酸化水素（H_2O_2）に二酸化マンガン*（MnO_2）を加えると、酸素（O_2）がボコボコと発生します。化学反応式で書くとこうなります。

$$2H_2O_2 \xrightarrow{(MnO_2)} 2H_2O + O_2$$

　この場合は、過酸化水素が基質、酸素と水が生成物、二酸化マンガンが触媒です。反応後は、過酸化水素の量は減りますが、二酸化マンガンの量は変化していません。

➡**化学反応では基質から生成物ができる。**

B 酵素は触媒：反応を早める

　たとえば高い位置にある水と、低い位置にある水とを比べると、高い位置よりも低い位置にある水のほうが「落ち着いている」あるいは「安定している」とみなすことができます。落ち着いていない水、すなわち高い位

＊　二酸化マンガンは酸化マンガン（IV）ともいう。

図 6.1　活性化エネルギー

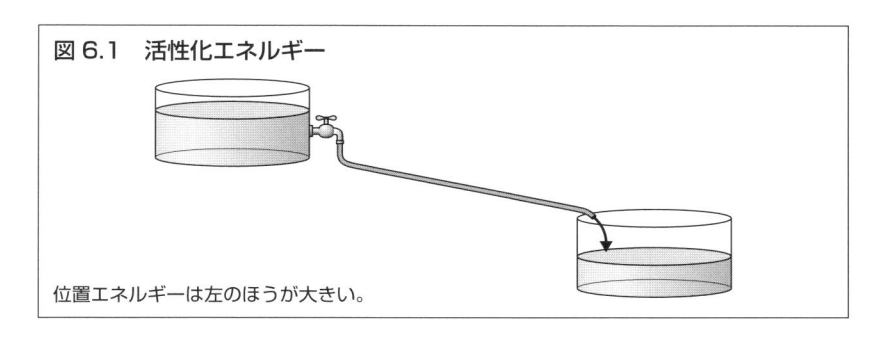

位置エネルギーは左のほうが大きい。

置にある水は落ち着きたがっており、移動手段さえあればいつでも低い位置に移動しようとたくらんでいます。したがって、**図 6.1** のように、実際に 2 つの容器をホースで結んであげると、上の水は一気に下の容器に移動します。このように水の位置に関して 2 者を比較して見ると、「落ち着いている」状態と「あまり落ち着いていない」状態とがあり、落ち着いていない場合は機会さえあれば落ち着いている状態になろうとします。

　化学物質も同様で、複数の化学物質の状態を比較してみると「落ち着いている」状態と「あまり落ち着いていない」状態とがあり、可能なら落ち着いている状態になろうとします。たとえば、過酸化水素の場合、過酸化水素の状態でいるのと、水と酸素の状態でいるのとでは、水と酸素でいるほうが落ち着いており、実は過酸化水素は水と酸素になりたがっているのです。

　過酸化水素は水と酸素になりたがっているので、過酸化水素自体は二酸化マンガンがなくても徐々に酸素を作っています。消毒用のオキシドール（中身は過酸化水素水）の瓶を放置しておくと徐々に酸素が発生して、つまり次第に気が抜けていき、数年後には単なる水になってしまいます。

　触媒なしの場合にはこの反応には数年かかりますが、ここに二酸化マンガンという触媒があると、数秒から数分でこの反応が完結します。ここで重要な点は、二酸化マンガンは反応時間を変えただけということと、二酸化マンガン自体は増えも減りもせず変化もしない、ということです。

　生体内にも上記と同じ反応をする触媒があります。たとえば傷口にオキシドールを塗ると泡が発生していくようすが観察できます。泡の中身は酸素です。つまり体内には二酸化マンガンと同じ作用をもつ物質が存在しています。それはカタラーゼという蛋白質です。つまりカタラーゼは触媒と

図6.2

雪山ロッジに向かって

ふもとのロッジに戻るには、この山を越さなきゃならないのか～

ん？

トンネルのおかげですぐ帰って来られたよー

酵素は直通トンネルのようなものです。

して作用したわけです。このような触媒作用をもった生体物質を**酵素**といいます。

> ➡酵素は触媒。したがって酵素には反応時間を短くする作用があり、かつ酵素自体は変化しない（図6.2）。

C 基質特異性

傷口にオキシドールを塗った場合は、過酸化水素がカタラーゼにより「分解された」ということもできます。ではカタラーゼは何でも「分解」する

のでしょうか？　答はノーです。ある特定の物質しか「分解」しません。
　このように、酵素には基質が決まっています。これを基質特異性といいます。たとえばアミラーゼはデンプンは分解しますが、蛋白質は分解しません。ペプシンは蛋白質は分解しますが、デンプンは分解しません。酵素の種類によって、いろんな物質に作用するもの、つまりいろいろな物質を基質にできるものから、ある特殊な物質のみに作用するもの、つまり基質は１種類のものまで、いろいろあります。前者を**基質特異性が低い**（広い）、後者を**基質特異性が高い**（狭い）という表現をします。ヒトの細胞内の代謝酵素には基質特異性が高いものが多いようです。

➡酵素はある特定の基質のみに作用することが多い。

D 至適温度、至適 pH

　酵素がその触媒作用を発揮するには、適切な温度や適切な pH 環境が必要です。酵素は、温度が高すぎても低すぎても、その能力が発揮できません（**図 6.3**）。酵素が存在している液体の pH も同様で、酸性やアルカリ性が強すぎると、やはり酵素の能力は低下してしまいます。酵素が触媒としての能力を発揮できなくなった状態を、酵素は「失活」したといいます。このように酵素それぞれに、自分が最も能力を発揮できる温度や pH が決まっており、これを至適温度、至適 pH といいます（**図 6.4**）。
　ヒトの酵素の至適温度は 40℃ 付近、至適 pH は中性付近のものが多いようです。しかし、たとえば蛋白質分解酵素のペプシンは至適 pH は 2 付近にあり、胃のような酸性環境下でよく働くようになっています。そして腸に流れていくと、そこはアルカリ性の環境なのでペプシンは失活してしまい、消化酵素としては働けなくなります。
　ヒトの酵素のほとんどは 80℃ 程度に熱すると失活してしまいますが、温泉に生息する微生物が持つ酵素の中には、その至適温度が高いものが存在し、お湯の中でも触媒作用を発揮するものがあります。

➡酵素には至適温度・至適 pH が存在する。

図 6.3

至適温度

人それぞれ好みの温度があるように、酵素にもそれぞれ至適温度がある。

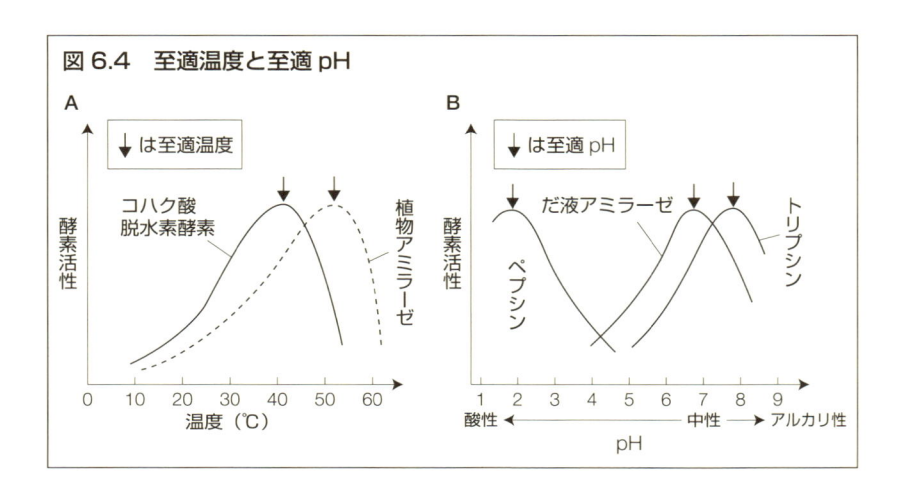

図 6.4　至適温度と至適 pH

A　↓は至適温度
コハク酸脱水素酵素
植物アミラーゼ
酵素活性
温度（℃）

B　↓は至適 pH
ペプシン
だ液アミラーゼ
トリプシン
酵素活性
pH
酸性 ← 中性 → アルカリ性

6.2 補酵素

A アポ酵素、補酵素、ホロ酵素

　酵素（英語でエンザイム）というものは、蛋白質すなわちアミノ酸の鎖からできています。つまり基本的には「酵素＝蛋白質」です。

　このように通常の酵素は、蛋白質（その成分はアミノ酸）だけから成り立っています。ところが、酵素の種類によっては蛋白質だけでは触媒作用を発揮できず、蛋白質以外の物質を必要とする場合があります。この蛋白質以外の物質を**補酵素**（英語でコエンザイム）といいます。アミノ酸の鎖と補酵素とがセットになって、初めて触媒として作用できるわけです。このように補酵素を必要とする場合は、酵素の蛋白質部分を特に**アポ酵素**といいます。そしてアポ酵素と補酵素とを合わせたものを**ホロ酵素**といいます（**図 6.5**）。式で示すと次のようになります。

　　　アポ酵素　　＋　　補酵素　　＝　　ホロ酵素
　　（蛋白部分）　　（非蛋白部分）　　（全体）

B ビタミンと補酵素

　では、補酵素とはどんなものでできているでしょうか？　それはビタミンと呼ばれているものなのです。補酵素としては、ビタミン類の中で特にビタミンB群と呼ばれているものが多いようです。具体的には**表 6.1**を参照してください。ビタミンは体内では合成されず、食事として摂取する必要があります。なお補酵素とビタミンの関係は、156ページでもっと詳しく取り上げます。

➡ 酵素には補酵素を必要とするものがある。

図 6.5　アポ酵素と補酵素

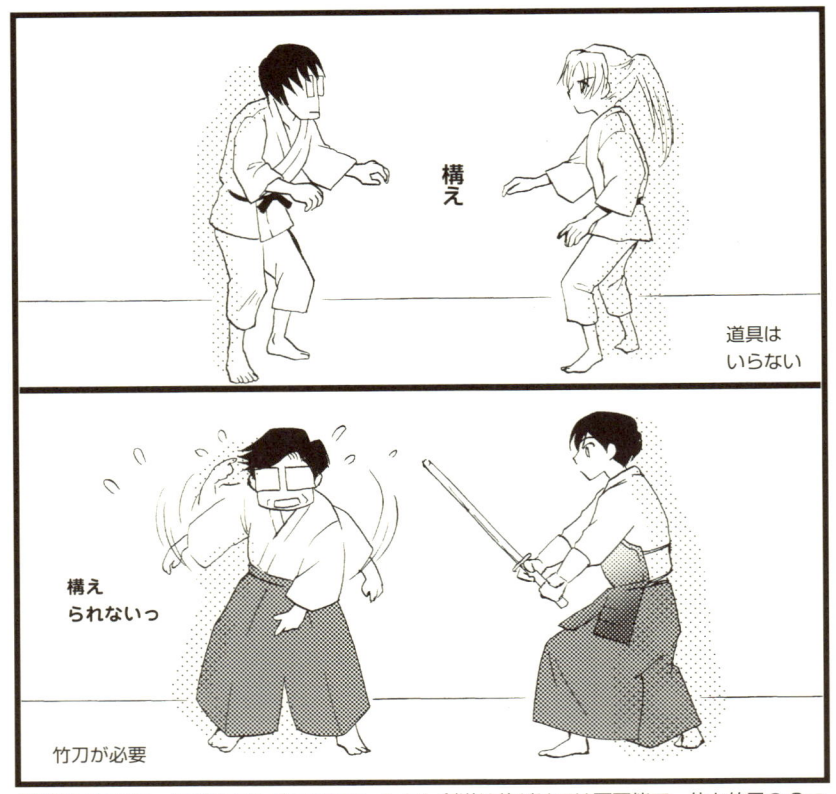

構え

道具はいらない

構えられないっ

竹刀が必要

柔道をするには、体だけあればできます。しかし剣道は体だけでは不可能で、体と竹刀の 2 つがセットになってはじめてできます。酵素もちゃんと働くために（その活性を発現するには）、補酵素を必要としない酵素と必要とする酵素とがあります。

表 6.1　補酵素としてのビタミン

ビタミン名	おもな別名
B_1	チアミン、TPP
B_2	リボフラビン、FMN、FAD
B_6	ピリドキサール、PLP
B_{12}	コバラミン
ナイアシン	ニコチン酸、NAD、NADP
葉酸	THF
パントテン酸	CoA
ビオチン	ビタミン H

C 金属イオン

酵素がその触媒作用を発揮するために、補酵素の存在が必要な酵素があるように、酵素によっては、金属イオンの存在を必要とするものもあります。要求される金属イオンとしては、Ca^{2+}、Mg^{2+}、Zn^{2+}といった2価の陽イオンが多いようです。その中でも特にCa^{2+}の存在が必要な酵素は、非常に多く見られます。

➡酵素には金属イオンを必要とするものがある。

D アイソザイム

異なった酵素でも、同じ触媒作用を示すものがあります。たとえばデンプンを分解するアミラーゼは、唾液と膵液に含まれています。唾液中のアミラーゼと膵液中のアミラーゼは、どちらも作用はほぼ同じです。しかし両者は同じ蛋白質ではなく、その分子の構造が異なっています。このように異なった蛋白質なのに同じ作用を持っているものを**アイソザイム**といいます。

アルカリホスファターゼという酵素も肝臓・骨・胎盤・腸などに存在し、それぞれ少しずつ構造が異なっています。

➡異なる酵素が同じ作用を示すことがある。

6.3 酵素の種類

A 6種類ある

酵素にはいろいろな種類があるので、生化学の分野では酵素というものを6種類に分類しています。

そもそも酵素の化学的作用を端的にいうと、**「何かを切り離し、その切り離したものを別な場所にくっつける」**ということです。場合によっては

前半だけの切り離しっぱなしのこともあれば、後半だけのくっつけるだけのこともあります。

では何を切り離し、何をくっつけるのか、ということになるのですが、その切ったりくっつけたりするものは、大きく6種類に分けられます（**図6.6**）。

➡ 酵素は6種類に分類される。

- **1番目**：切ったりくっつけたりするものが、酸素や水素（OやHの原子）の場合です。酸素や水素がくっついたり離れたりする反応は、酸化還元反応です。したがって、この種類の酵素を**酸化還元酵素**といいます。カタカナでいうと、〇〇オキシダーゼ（酸化酵素）とか、△△レダクターゼ（還元酵素）といわれているものです。オキシが酸化、レダクが還元という意味です。基本的には、OやHを切り離して別のところにくっつける酵素だという理解で結構です。

    酸化還元酵素の例に、LDH（乳酸脱水素酵素、LDとも略す）があります。乳酸から水素を切り取る酵素です。同時に切り取った水素をNAD（→p.64）にくっつけて、NADHにします。乳酸は水素が切り取られ、ピルビン酸になります。

- **2番目**：基質から何かを切り離して、それを別の基質にくっつける酵素です。**転移酵素**、カタカナでトランスフェラーゼといいます。トランスファーとは運ぶという意味ですね。転移させるものは何かというと、アミノ基であったりメチル基であったり、いろいろです。しかし酸素と水素だけは別で、酸素や水素を転移させる酵素は、1番目の酸化還元酵素に分類します。

    たとえば肝機能検査で有名なASTは、アスパラギン酸アミノ基転移酵素（aspartate transaminase）の略で、アスパラギン酸のアミノ基をα-ケトグルタル酸にくっつけます。

- **3番目**：**加水分解酵素**（ヒドロラーゼ）です。基質のどこかを切断するのですが、そのときに水（H_2O）を加えて切断する酵素です。したがって切断部位には、HとOHとがくっつきます。トリプシンなどの消化酵素が代表です。

図6.6　6つの酵素

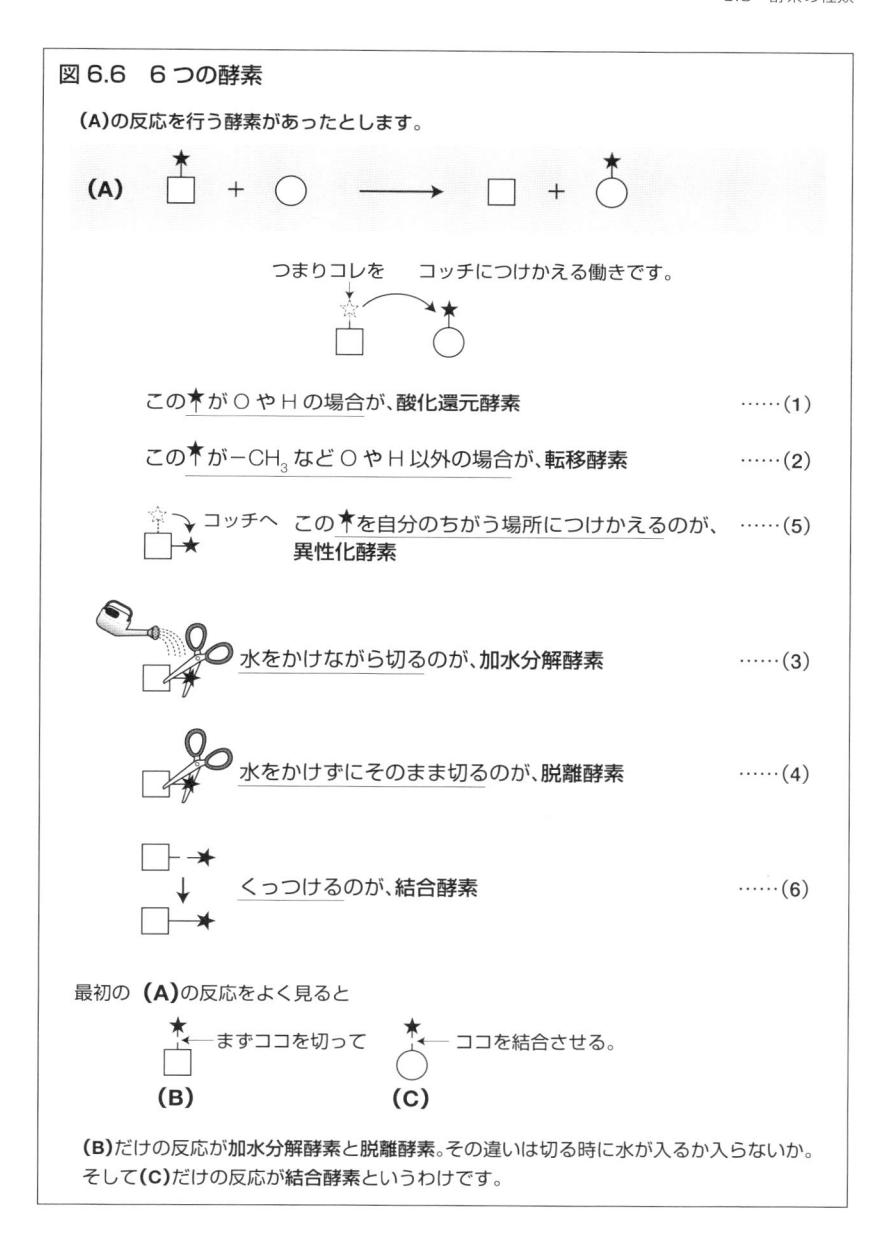

(A)の反応を行う酵素があったとします。

(A)　□★ + ○　⟶　□ + ○★

つまりコレを　コッチにつけかえる働きです。

この★がOやHの場合が、**酸化還元酵素**　……(1)

この★が−CH₃などOやH以外の場合が、**転移酵素**　……(2)

コッチへ　この★を自分のちがう場所につけかえるのが、**異性化酵素**　……(5)

水をかけながら切るのが、**加水分解酵素**　……(3)

水をかけずにそのまま切るのが、**脱離酵素**　……(4)

くっつけるのが、**結合酵素**　……(6)

最初の**(A)**の反応をよく見ると

まずココを切って　　ココを結合させる。
(B)　　　　　　　**(C)**

(B)だけの反応が**加水分解酵素**と**脱離酵素**。その違いは切る時に水が入るか入らないか。そして**(C)**だけの反応が**結合酵素**というわけです。

・**4番目：脱離酵素**（リアーゼ）です。簡単にいうと、水を加えることなく単に切断だけする酵素です。転移酵素の前半部分だけの作用、つまり

切り離したものを放置、切りっぱなしにする、と思ってください。
- 5番目：**異性化酵素**（イソメラーゼ）で、異性体を作る酵素です。転移酵素で、基質から切り離したものをその基質の別な場所にくっつける、と思ってください。つまり基質のある一部分が、アッチからコッチに移動するわけです。反応後には異性体ができあがります。
- 6番目：**結合酵素**（リガーゼ）です。すでに切り離されているものをくっつける酵素です。転移酵素の後半部分だけの作用、つまり切り離されているものをくっつける、と思ってください。

6.4 酵素の基礎

A 酵素の活性部位と調節部位

　酵素は、蛋白質つまりアミノ酸が連なったものです。たとえば、ある酵素が100個のアミノ酸の鎖から成り立っているとします。酵素は触媒ですが、100個のアミノ酸全部が触媒作用に直接かかわっているわけではなく、実際に化学反応上の触媒作用を直接担当しているのは、長いアミノ酸鎖のうちの一部だけです。この部分を活性部位といいます。

　活性部位以外の部分は、たとえば触媒作用の強さを調節したり、自分自身を膜に結合させたりと、化学的な触媒作用とは直接には関係ない裏方的な仕事を担当しています。

　➡**酵素蛋白のある部分だけが直接の触媒作用を持つ。**

　たとえば、**図6.7**①のような酵素があったとします。▲で示したところが活性部位です。**A**ではアミノ酸鎖の一部が活性部位を覆ってしまっており、基質が活性部位に接触できません。すなわち、**A**では酵素は触媒として働かないということです。この状態を非活性、この活性部位を覆ってしまっているアミノ酸鎖の領域を、調節部位といいます。

　しかし**B**では酵素の立体構造が変化し、活性部位がむき出しになって

図 6.7　酵素の活性部位と調節部位（模式図）

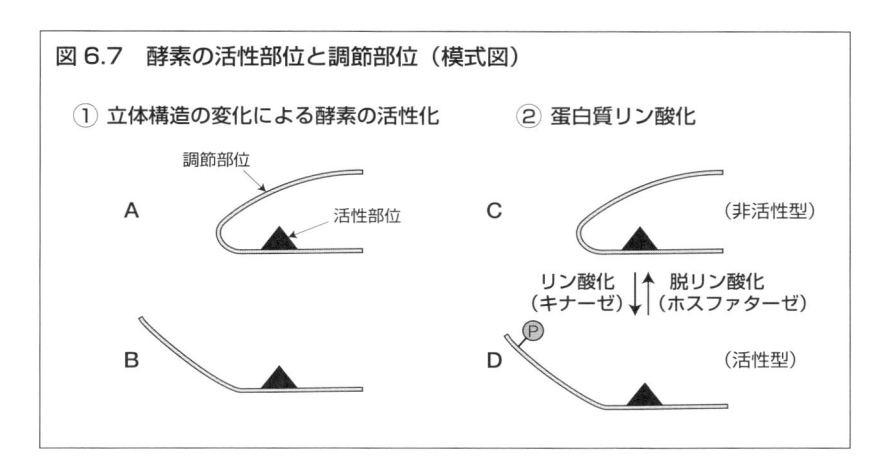

① 立体構造の変化による酵素の活性化　　② 蛋白質リン酸化

（A：調節部位／活性部位）
（B）
（C：非活性型）
リン酸化（キナーゼ）↓↑脱リン酸化（ホスファターゼ）
（D：活性型）

います。こうなると、この酵素は触媒としてよく働くことができるようになります。酵素が活性化されたわけです。

➡ 酵素蛋白には活性部位と調節部位とがある。

B カスケード

（1）蛋白質リン酸化

　ここで次のような酵素を考えてみましょう。通常の状態では、**図 6.7C** のように非活性の状態でも、リン酸が調節部位のアミノ酸残基にくっつくとその部位の電荷が変わり、立体構造が大きく変化し、**図 6.7D** のようになる酵素です。このような酵素は、リン酸の結合によって活性部位がむき出しになって、触媒活性を持つようになります。そして次に、このリン酸を切断除去するとまたその部位の電荷が変わり、立体構造が変化して、もとの非活性状態に戻ります。このようにリン酸を調節部位にくっつけたり離したりすることによって、酵素活性を変化させることができます。一般にリン酸をくっつける酵素を**キナーゼ**、リン酸を切断除去する酵素を**ホスファターゼ**といいます。

➡ 酵素蛋白にリン酸が結合すると、酵素活性が変化する。

(2) 切断による調節

酵素の活性を変化させるものは、リン酸だけではありません。酵素蛋白の立体構造を変化させるものであれば、何でもいいです。何でもいいので、たとえば**図 6.8** ①のように活性部位を邪魔している部分を切断して取り除いても、同じように活性が出現します。ただし、この場合はもとに戻ることはできません。

このような例に、膵臓から分泌される蛋白質の消化酵素（生化学的にいうとプロテアーゼ）であるトリプシンがあります。トリプシンは、実は膵臓からはトリプシノーゲンという形で分泌されます。膵臓の細胞内や膵管内では非活性型の状態で、まだ消化酵素としては働くことができません。このトリプシノーゲンが十二指腸に流れ出ると、十二指腸にすでにある別のプロテアーゼ（これは何でもよい）で**図 6.8** ②のところが切断され、活性型すなわちトリプシンとなり、消化酵素として働くようになります。このようにいったんトリプシンとなれば、このトリプシンは食物中の蛋白質を消化したり、膵管から分泌されてくるトリプシノーゲンを切断すなわち活性化したりと、忙しく働くことになります。

➡**酵素蛋白の一部を切り取ると、活性が変化する。**

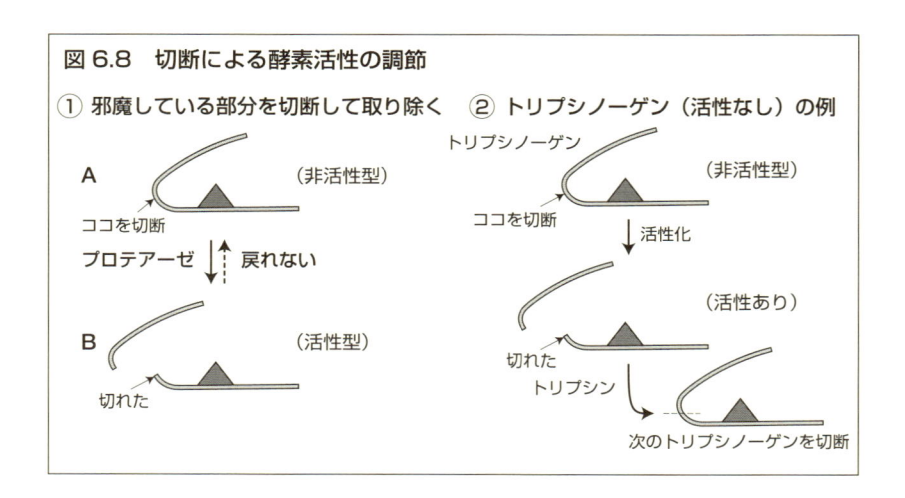

図 6.8 切断による酵素活性の調節

① 邪魔している部分を切断して取り除く　② トリプシノーゲン（活性なし）の例

A （非活性型）
ココを切断
プロテアーゼ ↓↑ 戻れない
B （活性型）
切れた

トリプシノーゲン （非活性型）
ココを切断
↓ 活性化
（活性あり）
切れた
トリプシン
次のトリプシノーゲンを切断

> **column** 急性膵炎
>
> 　膵臓の外分泌細胞からは、トリプシノーゲンが分泌されています。通常は、膵管内ではトリプシノーゲンとして非活性型を保ち、十二指腸内で活性化を受けて消化酵素として働くようになります。しかし、これが何らかの拍子に膵管内で分解を受けて活性型に変化すると、膵臓自体の消化を始めてしまいます。加えて、新しく分泌されてきたトリプシノーゲンも分解して活性型に変えてしまい、これがさらに膵臓自体の消化を促進させるという悪循環がどんどん加速してしまいます。これが急性膵炎です。つまり、急性膵炎とは、膵臓の消化酵素が膵臓自体を消化してしまう病気です。

C フィードバック阻害

　酵素活性を抑える方向に働くことを阻害といい、阻害を起こす物質を阻害剤といいます。酵素を介した化学反応の結果できた生成物が、その酵素に対して阻害剤となると、生成物の産生量が増えるに従い反応がゆっくりとなり、究極的には反応が停止します。生体内では、生成物はある速度で消費されるので、この反応速度も一定に保たれ、結局生成物の産生速度は一定に保たれることになります。これをフィードバック阻害といいます（ネガティブフィードバックともいう。**図 6.9**）。ネガティブとは「負の」という意味です。ネガティブフィードバックは、生体内では酵素反応に限らず、たとえばホルモン産生量の調節などにも見られます。

　➡ネガティブフィードバックでは、反応速度は一定に保たれる。

D 酵素の失活

　蛋白質の構造は、熱や強酸・強アルカリなどで崩れてしまいます。これを変性といいましたよね（→ p.49）。酵素は蛋白質なので、酵素に熱や強酸・強アルカリなどが作用すると変性を起こし、酵素としての働きができなくなります。酵素の触媒作用がなくなること、すなわち酵素の活性がなくなることを、失活といいます。

　➡条件により酵素はその触媒活性を失うことがある。

図6.9　**ネガティブフィードバック**

窯に入れられる量は限りがあり、窯待ちの茶碗を置くスペースにも限りがある。窯待ちの茶碗の量が多くなれば、ろくろで茶碗を作る速度は低下する。

6.5 酵素反応論

A ミカエリス-メンテンの式：V_{max} と K_m

（1）酵素反応を考えるとき、時間と量の概念も大切

　酵素は触媒ですので、基質から生成物を作っています。この化学反応を「時間」という要因を加えて考えてみましょう。すると、ある酵素はたとえば1分間という時間に○gの生成物を作る、となります。一定時間に

生成物を作る量というのは「反応速度」と言い換えることができます。

このように酵素反応というのは、生成物が何である、というだけでなく、**時間**と量の概念を入れた考え方をしなければならないときがあります。この考え方が酵素反応論です。酵素反応論はちょっと難しいので、学校で生化学の授業を受講しない人は、ここはとばしてもらって結構です。しかし生化学の単位が必要な人は、避けて通れないところですので、腰を据えて理解してください。

➡ **酵素反応には速度と量の概念も重要。**

(2) 酵素反応論を田中家で考える

酵素反応論をわかりやすいように、田中家の家族を使って説明します。たとえば家族4人で広い公園のゴミ拾いのボランティアをしたとします（**図6.10**）。ここでのポイントを3つ理解してください。1つめはゴミの密度、一定距離の間に何個ゴミがあるか、別な言い方をするとゴミの間隔です。2つめは移動速度、1秒間に何m移動できるか。3つめは1個のゴミを拾うのにかかる所要時間です。その結果、一定時間内に何個のゴミを拾えるのか、ということを計算してみましょう。

● **お母さんの場合**

お母さんは1個のゴミを拾うのに1秒かかるとします。そして次のゴミ

図6.10 ゴミ拾いのボランティアをする田中家のメンバー

POINT ①ゴミの密度
②移動速度
③1個のゴミを拾うのにかかる時間

惣一郎と健次は走って移動、友紀と健次はテキパキ拾える。

図 6.11　お母さんの場合（ゴミがまばらな場合）

1 m 移動するのに 1 秒。
1 個のゴミを拾うのに 1 秒かかる

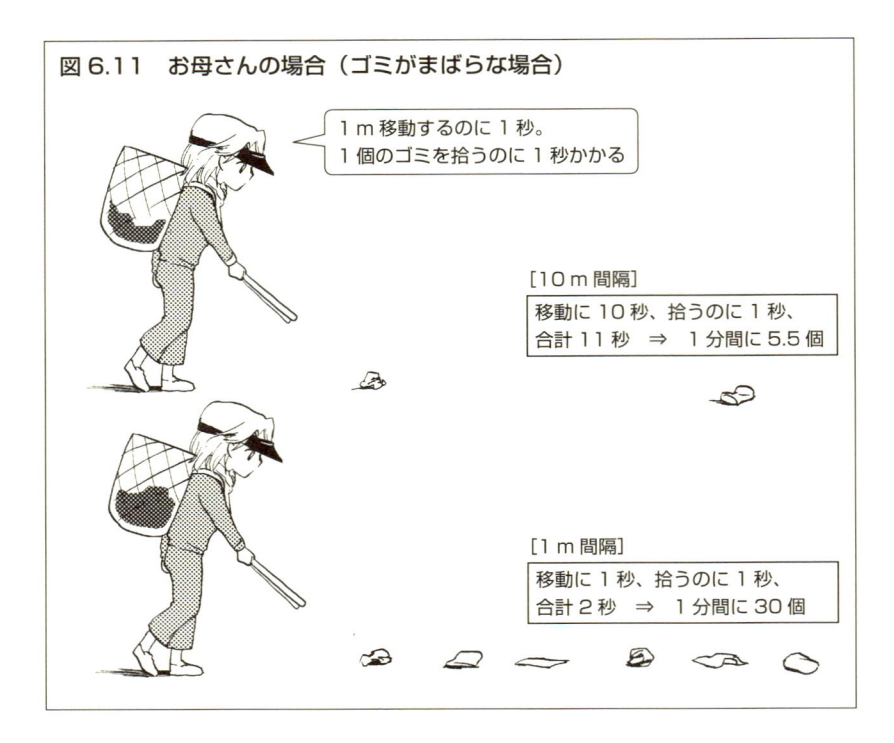

[10 m 間隔]
移動に 10 秒、拾うのに 1 秒、
合計 11 秒　⇒　1 分間に 5.5 個

[1 m 間隔]
移動に 1 秒、拾うのに 1 秒、
合計 2 秒　⇒　1 分間に 30 個

の場所まで歩いて移動しますが、1 m を移動するのに 1 秒かかるとします。ゴミが 1 m 間隔で落ちている場合、移動時間を計算すると、移動に 1 秒、拾うのに 1 秒、結局 1 個のゴミを拾うのに合計 2 秒かかります。つまり 1 分間に 30 個のゴミを拾えます。

　もしゴミが非常にまばらで、10 m の間に 1 個しか落ちていなかったら、次のゴミまでの移動に 10 秒かかってしまいます。拾うのに 1 秒かかるので、結局 1 個のゴミを拾うのに合計 11 秒かかります。つまり 1 分間に 5.5 個のゴミしか拾えなくなります。このようにゴミがまばらなときは、拾うことよりも移動のほうに時間の大半を費やすことになります **（図 6.11）**。

　今度は、ゴミの量が多い場合を考えてみます。0.1 m 間隔で落ちていると、移動に 0.1 秒、拾うのに 1 秒、合計 1.1 秒かかり、結局 1 分間に 55 個のゴミを拾えます。ゴミがびっしり一面に積もっていたら、もう歩く必要はなく、せっせとその場でゴミ拾いをします。でも 1 個のゴミを拾うのに 1 秒かかるので、1 分間に拾えるゴミの数は 60 個が限度です。ゴミの密度が

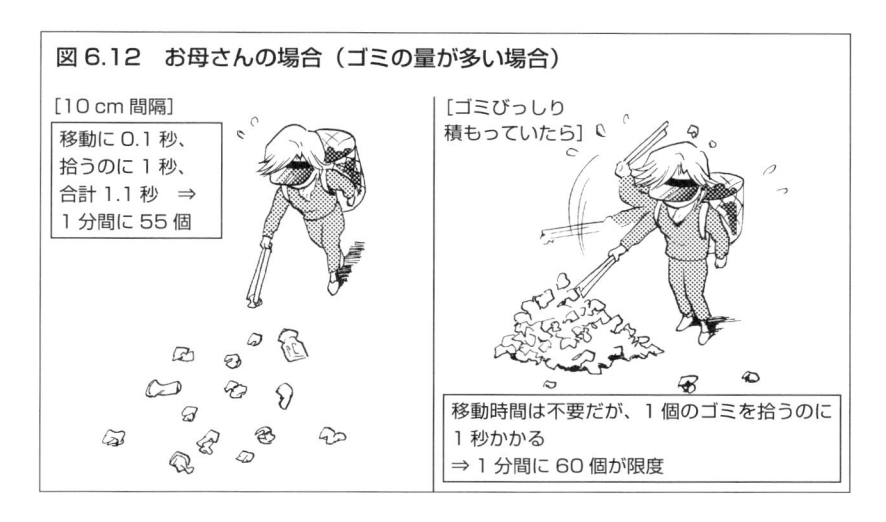

図 6.12　お母さんの場合（ゴミの量が多い場合）

[10 cm 間隔]
移動に 0.1 秒、拾うのに 1 秒、合計 1.1 秒 ⇒ 1 分間に 55 個

[ゴミびっしり積もっていたら]
移動時間は不要だが、1 個のゴミを拾うのに 1 秒かかる
⇒ 1 分間に 60 個が限度

いくら増えても、拾えるゴミの数には限度があることに注目してください**（図 6.12）**。

● 惣一郎の場合

　さて、惣一郎も同じボランティアをしました。惣一郎は 1 個のゴミを拾う所要時間はお母さんと同じ 1 秒ですが、走って移動するので移動速度がお母さんの 5 倍の速度（5 m/秒）です。1 m 移動するのに 0.2 秒しかかかりません。この惣一郎の場合は、ゴミが 10 m 間隔で落ちていると、移動に 2 秒、拾うのに 1 秒、合計 3 秒で、結局 1 分間に 20 個のゴミを拾えます。そしてゴミが 1m 間隔で落ちていると、移動に 0.2 秒、拾うのに 1 秒、合計 1.2 秒で、結局 1 分間に 50 個のゴミを拾えます。0.1 m 間隔で落ちていると、移動に 0.02 秒、拾うのに 1 秒、合計 1.02 秒で、結局 1 分間にほぼ 60 個のゴミを拾えます。ゴミがびっしり一面に積もっていたら、移動時間なしで、せっせとその場でゴミ拾いをします。でも 1 個のゴミを拾うのに 1 秒かかるので、1 分間に拾えるゴミの数は、結局お母さんと同じ 60 個が限度です**（図 6.13）**。

　このように、走ってゴミ拾いをする惣一郎は、ゴミがまばらで間隔が大きいときは非常に役に立ちますが、ゴミが密にあるときにはその真価を発揮できません。

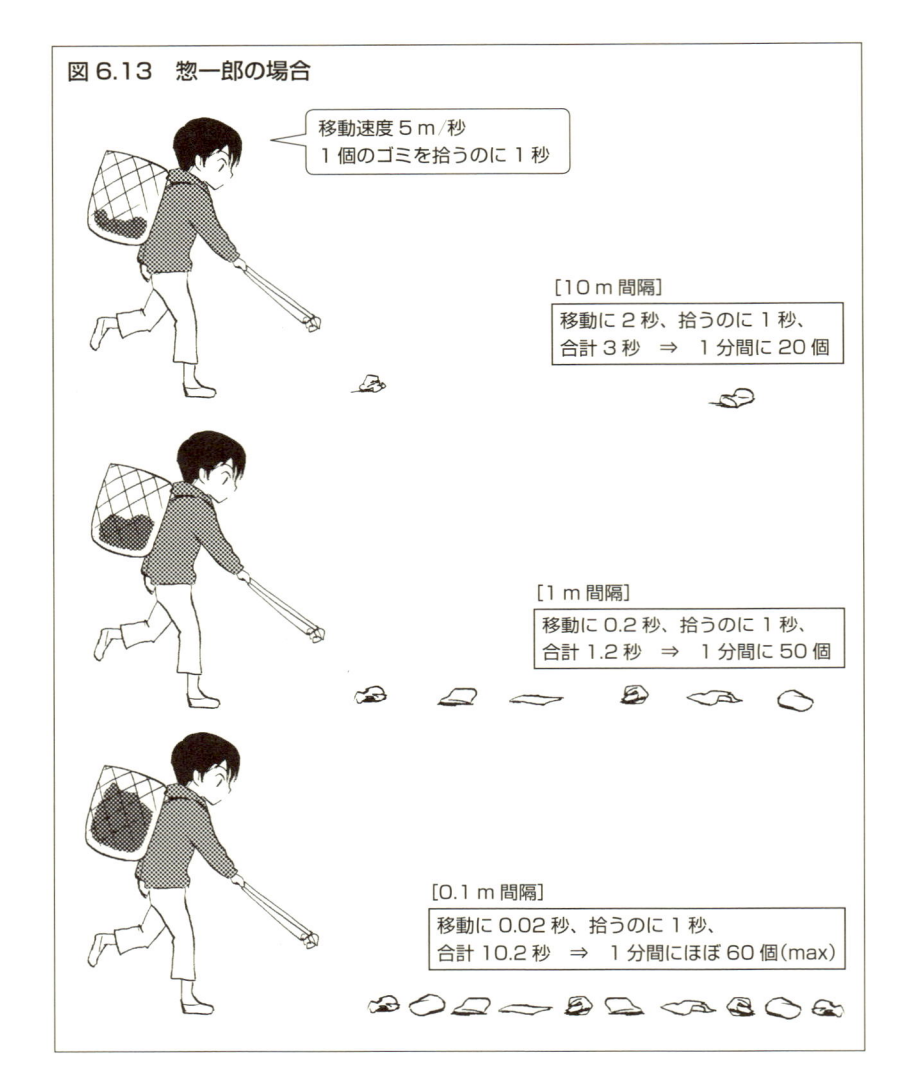

図6.13 惣一郎の場合

移動速度 5 m/秒
1個のゴミを拾うのに1秒

[10 m 間隔]
移動に2秒、拾うのに1秒、
合計3秒 ⇒ 1分間に20個

[1 m 間隔]
移動に0.2秒、拾うのに1秒、
合計1.2秒 ⇒ 1分間に50個

[0.1 m 間隔]
移動に0.02秒、拾うのに1秒、
合計1.02秒 ⇒ 1分間にほぼ60個(max)

●友紀の場合

　さて友紀も同じボランティアをしました。友紀は、移動速度はお母さんと同じ1m/秒ですが、テキパキしていて1個のゴミを拾うのに0.5秒しかかかりません。友紀の場合は、ゴミが10 m間隔で落ちていると、移動に10秒、拾うのに0.5秒、合計10.5秒で、結局1分間に5.7個相当のゴミを拾えます。そしてゴミが1m間隔で落ちていると、移動に1秒、拾

> **図 6.14　友紀の場合**
>
> 移動速度 1 m/秒
> 1 個のゴミを拾うのに 0.5 秒
>
> [10 m 間隔]
> 移動に 10 秒、拾うのに 0.5 秒、
> 合計 10.5 秒　⇒　1 分間に 5.7 個相当
>
> [1 m 間隔]
> 移動に 1 秒、拾うのに 0.5 秒、
> 合計 1.5 秒　⇒　1 分間に 40 個
>
> [0.1 m 間隔]
> 移動に 0.1 秒、拾うのに 0.5 秒、
> 合計 0.6 秒　⇒　1 分間に 100 個
>
> もし、ゴミがびっしり一面に積もっていたら、移動時間は考えずに拾う時間の 0.5 秒だけ考えればよく、1 分間に 120 個のゴミを拾える。

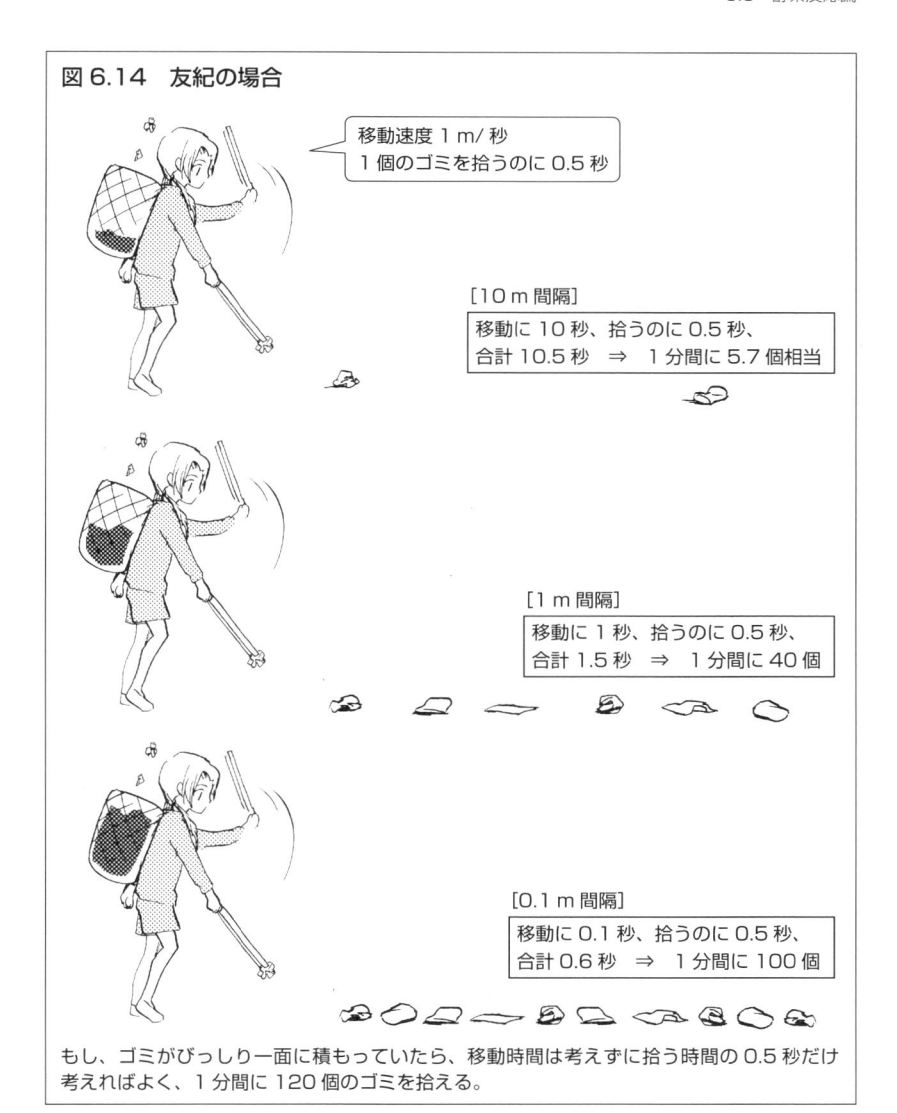

うのに 0.5 秒、合計 1.5 秒で、1 分間に 40 個のゴミを拾えます。そしてゴミが 0.1 m 間隔で落ちていると、移動に 0.1 秒、拾うのに 0.5 秒、合計 0.6 秒しかかからないので、結局 1 分間に 100 個のゴミを拾えます。ゴミがびっしり一面に積もっていたら、移動時間は不要、拾うのにかかる時間の 0.5 秒だけを考えればよく、1 分間に 120 個のゴミを拾えます **（図 6.14）**。

友紀とお母さんの1分間に拾えるゴミの数を比べてみましょう。ゴミがまばらなときはそれほど大きな差はありませんが、ゴミの密度が大きくなると、大きな差が出てきたことに注目してください。

● 健次の場合

さらに健次も同じボランティアをしました。健次は1個のゴミを拾う所要時間は友紀と同じ0.5秒、そして移動時には走るのでその移動速度は惣

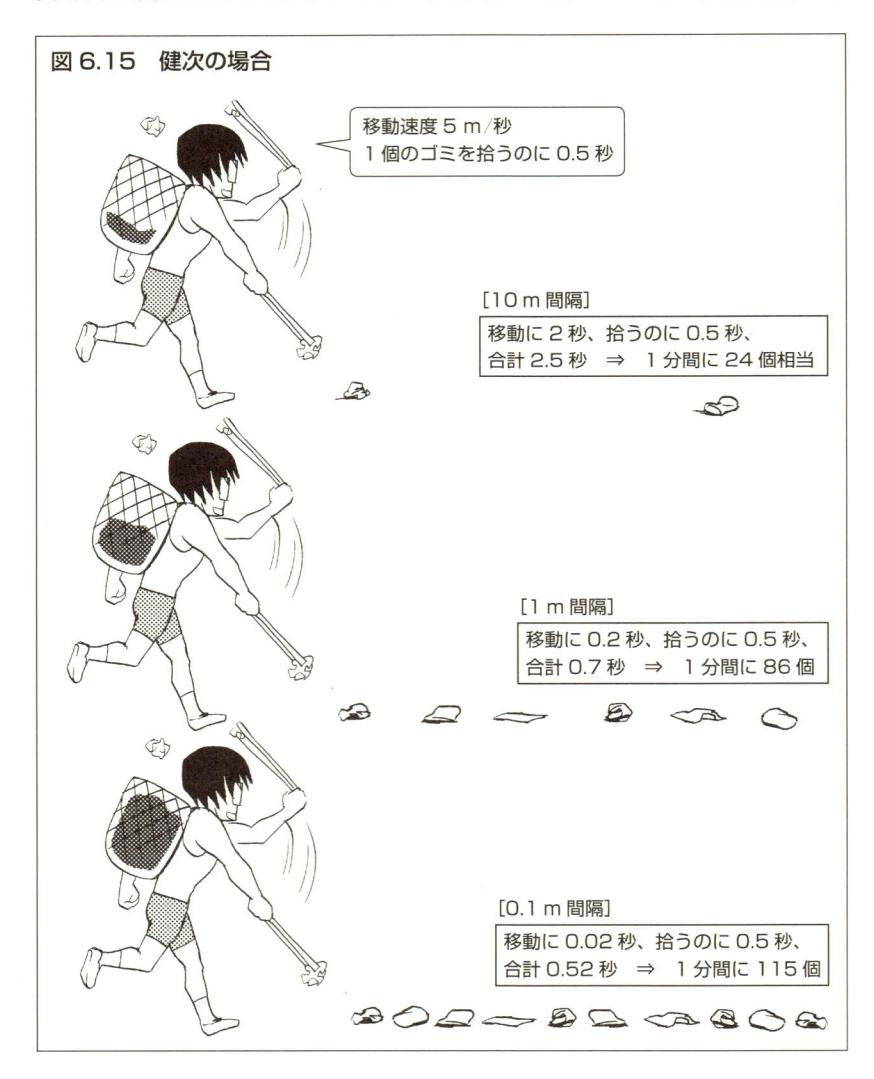

図6.15 健次の場合

移動速度 5 m/秒
1個のゴミを拾うのに0.5秒

[10 m 間隔]
移動に2秒、拾うのに0.5秒、
合計2.5秒 ⇒ 1分間に24個相当

[1 m 間隔]
移動に0.2秒、拾うのに0.5秒、
合計0.7秒 ⇒ 1分間に86個

[0.1 m 間隔]
移動に0.02秒、拾うのに0.5秒、
合計0.52秒 ⇒ 1分間に115個

一郎と同じ 5 m/秒の速度です。1 m 移動するのに 0.2 秒しかかかりません。この健次の場合はゴミが 10 m 間隔で落ちていると、移動に 2 秒、拾うのに 0.5 秒、合計 2.5 秒で、結局 1 分間に 24 個のゴミを拾えます。そしてゴミが 1 m 間隔で落ちていると、移動に 0.2 秒、拾うのに 0.5 秒、合計 0.7 秒で、結局 1 分間に 86 個のゴミを拾えます。ゴミが 0.1 m 間隔で落ちていると、移動に 0.02 秒、拾うのに 0.5 秒、合計 0.52 秒で、結局 1 分間に 115 個のゴミを拾えます**(図 6.15)**。ゴミがびっしり一面に積もっていたら、移動時間は不要、拾う時間の 0.5 秒だけを考えればよく、1 分間に 120 個のゴミを拾えます。これは友紀と同じ数であることに注目してください。

● 4 人の比較

以上の 4 人の 1 分間に拾えるゴミの数を**表 6.2** にまとめました。これをグラフに書くと、**図 6.16** ①のようになります。横軸はゴミの量、つまり 10 m の間に落ちているゴミの数です。

お母さんを標準と考えると、ゴミがまばらなときは移動速度の速い惣一郎や健次が効率がよく、ゴミが密なときは、てきぱき拾う友紀や健次が効率がよくなります。逆な言い方をすると、ゴミがまばらなときは、てきぱき拾える友紀の真価は発揮できないし、ゴミが密なときは移動速度の速い惣一郎は、その真価が発揮できません。

これを酵素反応として考えると、10 m の間に落ちているゴミの数が基質の量（つまり基質濃度）、1 分間に拾ったゴミの数が反応速度となります。

表 6.2　1 分間に拾えるゴミの数の 4 人の比較

	1 個拾うのにかかる所要時間	移動速度	ゴミの密度（10 m にあるゴミの個数）		
			1 個/10 m (10 m おきに 1 個)	10 個/10 m (1 m おきに 1 個)	100 個/10 m (0.1 m おきに 1 個)
			1 分間に拾える個数	1 分間に拾える個数	1 分間に拾える個数
母	1 秒	1 m/秒	5.5 個	30 個	55 個
惣一郎	1 秒	5 m/秒	20 個	50 個	60 個
友紀	0.5 秒	1 m/秒	5.7 個	40 個	100 個
健次	0.5 秒	5 m/秒	24 個	86 個	115 個

図6.16 酵素反応速度

① 1分間に拾えるゴミの数

② 模式図（基質量と反応速度）

↓は最大反応速度の半分の値

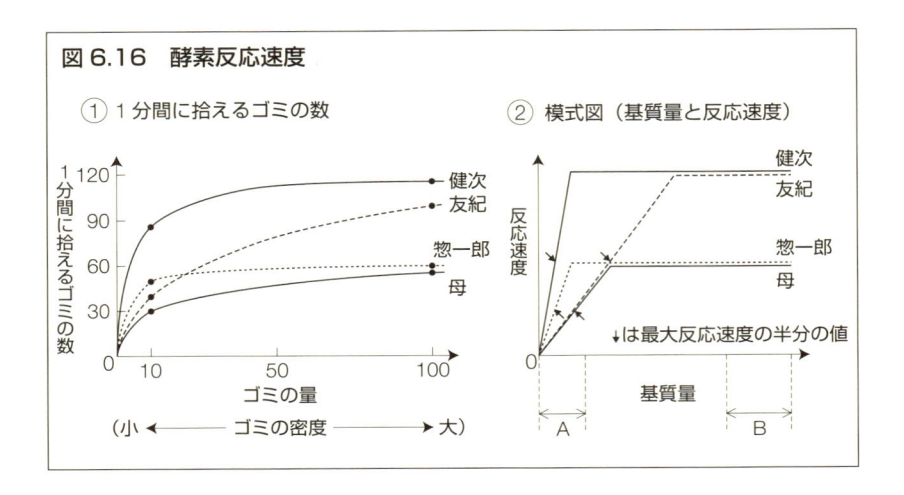

図6.16①を非常に簡単に書き直してみると、**図6.16②**のようになります。基質濃度と生成速度の観点から見直すと、基質の量が少ないとき（**図6.16②のAの部分**に相当）には、反応速度は基質量にほぼ比例します。そして基質の量が多いとき（**図6.16②のBの部分**に相当）には、反応速度は頭うち、つまり基質の量にはもうそれほど影響されず、ほぼ一定になります。

➡酵素反応速度は、基質の量により変化する。

（3）3段階に分けて酵素反応論を理解する

初学者にとって酵素反応論の理解には3段階のステップがあります。これから**図6.16②**のグラフを見ながら1ステップずつ分けて説明します。

・第1段階

まず、第1段階としては**「酵素反応には基質の量により、Aの場合とBの場合とがある」**ということが理解できればOKです。ここで重要な点は、Aの場合とBの場合との違いは基質の量であり、**Aは斜め直線、Bは水平の直線である**、ということです。基質の量がポイントであることを再確認してください。

・第2段階

さて第2段階です。第2段階では**「最大反応速度」**を理解してください。

最大反応速度とは、基質の量が十分にあるときの反応速度のことです。つまりゴミの量が非常に多いときの能力のことで、Bのときの能力です。グラフでは右側になります。お母さんと惣一郎は低く、友紀と健次はその2倍あります。ここまでの理解はそれほど難しくないでしょう。「最大反応速度」は V_{max}（ブイマックス）と略します。Vは速度（velocity）のことです。

・第3段階

次は、最終段階である第3段階です。第3段階では**「ミカエリス定数」**というものを理解してください。ミカエリス定数とは「最大反応速度」の半分の速度を示す基質濃度のことで、K_mと表します。「ミカエリス定数」という名称よりも、K_m（ケイエム）という言葉で覚えてください。惣一郎と健次は低く、それに比べ、お母さんと友紀は高くなっています。つまり、惣一郎と健次はゴミの量が少なくても結構働けますが、お母さんと友紀は、ゴミの量が少ないときはあまり働けないことを示しています。

K_mがなぜ重要かというと、酵素の触媒能力というものは、V_{max}とK_mの2つの値で示すからです。ここは非常に重要な点で、しかもK_mはかなりわかりにくいので、もう少し詳しく説明します。

➡**酵素反応論は V_{max} と K_m の2つの値で示す。**

(4) K_m

お母さんより健次のほうがゴミ拾いの能力は高い、というのはすぐに納得できるでしょう。では、友紀と惣一郎はどちらの能力が高いでしょうか？　実は、ゴミの量が少ないときは走るのが速い惣一郎が勝ち**（図 6.17A）**、ゴミの量が多いときはテキパキ拾う友紀が勝つのです**（図 6.17B）**。

惣一郎と友紀の能力の違いがイメージできましたか？　ゴミの量によってその能力の優劣が変わってくるのです。ゴミが少ないということは、基質が少ない、すなわち基質濃度が低い、という意味です。ゴミがたくさんあるということは、基質がたくさんある、すなわち基質濃度が高い、という意味です。

4人の能力をまとめると、**表 6.3**のようになります。再度**図 6.16 ①②**を見てください。

このように4人の能力の差、すなわち酵素の触媒能力にはそれぞれ差が

あることがつかめたと思います。そしてその差は、V_{max} と K_m とで表わすことができます。

➡基質の濃度により、酵素活性に差が出ることがある。

図6.17 真価が発揮できるかどうかはゴミの量次第

表6.3 4人のゴミ拾い能力の比較

	V_{max}	K_m*
健次（テキパキ拾う、速く走る）	120個/分	約5個（基質濃度は薄い）
友紀（テキパキ拾う、ゆっくり歩く）	120個/分	約20個（基質濃度は濃い）
惣一郎（ゆっくり拾う、速く走る）	60個/分	約5個（基質濃度は薄い）
母（ゆっくり拾う、ゆっくり歩く）	60個/分	約10個（基質濃度は中等度）

＊この場合の K_m の単位は、10mの間にあるゴミの個数。

（5）ミカエリス–メンテンの式

なぜ V_{max} と K_m の2つだけで触媒の反応速度を表わせるのでしょうか？実は横軸に基質濃度、縦軸に反応速度をとった場合の反応速度曲線は、原点を通る**直角双曲線**なのです。水平の漸近線が V_{max} に相当します。直角双曲線は2次関数なので、原点を通る場合は V_{max} と K_m の2つのパラメーターだけで表わすことができます。双曲線を忘れた人は、高校の数学を復習しておいてください。**（図 6.18）**

この曲線が直角双曲線であることを利用すると、数学的におもしろい変換ができます。たとえば、基質濃度と反応速度の両者の逆数をグラフの両軸に使用すると、この反応速度曲線は「曲線」ではなく、「直線」に書き換わります。これは数学的な話になるので詳細は省きますが、この直線の性質を利用すると、実際の反応速度の計測値から、その酵素の V_{max} と K_m とをグラフから容易に算出することができます。この直線グラフの計算式や作成法は、厚めの生化学の教科書には必ず載っているので、より深い知識が必要な人はそちらを参照してください。ちなみに、この酵素反応の式をミカエリス–メンテンの式といいます。

➡**酵素反応曲線は、原点を通る直角双曲線である。**

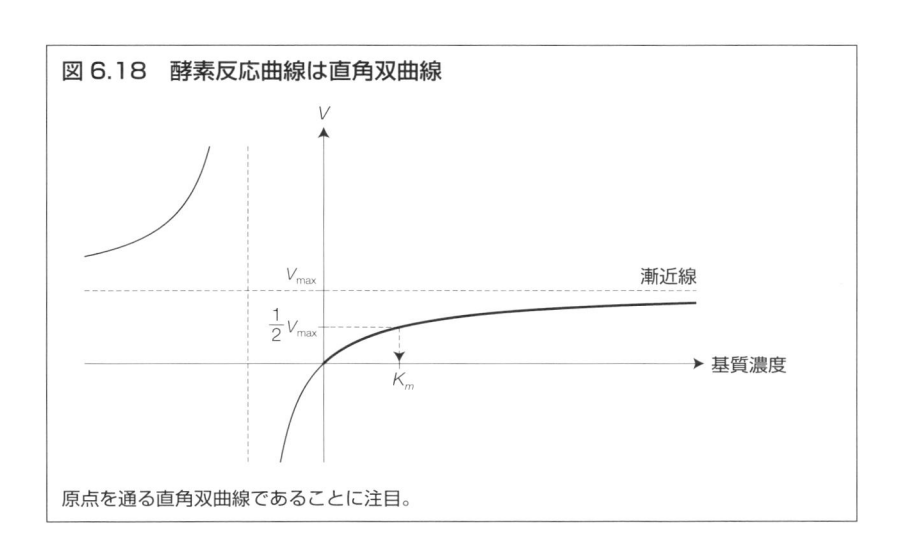

図 6.18　酵素反応曲線は直角双曲線

原点を通る直角双曲線であることに注目。

B 拮抗阻害

　健次たちはゴミを拾うのが仕事でした。もし、ゴミの中に一見ゴミのように見えるけれど実はゴミでないもの（拾う必要のないもの、たとえば苗木）が混じっていたら、ゴミを拾うつもりで間違って苗木を拾い上げるかもしれません。そして、苗木を拾うことに使用してしまった時間はゴミが拾えません。

　このように、公園の地面に苗木があると、健次たちの仕事の効率を低下させることができます（図6.19）。どのくらい低下するかは、ゴミと苗木との存在比および間違いやすさに比例します。

➡ **苗木が多いと、ゴミを拾う効率が低下する。**

　たとえば苗木の数が一定の場合、ゴミの数が少なければ、間違って苗木を拾う確率が高くなります。つまり、苗木の効果は大きいということです。しかしゴミの数が多いと、相対的に苗木を拾う確率は低くなり、苗木の効果は小さくなります。そしてゴミの数が無限大に多ければ、苗木の効果はほとんどゼロとなります。

➡ **ゴミが非常に多ければ、苗木の効果はほとんど無視できる。**

　さて、健次たちのたとえから酵素蛋白の話に戻ってみると、この場合は、酵素における基質の結合部に基質（ゴミ）と阻害剤（苗木）とが、どちらも結合しようと競争している状態です。つまり、基質と阻害剤とが拮抗しながら酵素の基質結合部を取り合っています。

　難しく言うと、ゴミの数が無数にある場合の作業効率、すなわち基質濃度が高いときの反応速度 V_{max} は変化しません。しかしゴミの量が少ないとき（基質濃度が低いとき）の作業効率は、低下します。その結果、K_m 値は増大します。このように、基質と競争で作業を阻害するようなタイプの阻害を拮抗阻害（もしくは競合阻害）といいます。

➡ **拮抗阻害では、基質と競争して作業を阻害する。**

図 6.19 拮抗阻害（これは捨てちゃダメだよね…?）

図 6.20 非拮抗阻害（オイオイ〜／ゴミ拾えないだろ〜）

C 非拮抗阻害

　もしパブロフが健次にじゃれついてまとわりついたりすると、健次の仕事の効率が落ちます。これはゴミの数に関係ありません。ゴミの数が多いときも少ないときも、同じように効率が低下します。パブロフが阻害剤に相当しますが、基質と阻害剤とは基質結合部を取り合っているわけではないことを理解してください（**図 6.20**）。

　難しく言うと、たとえ基質濃度が高くなっても、最大反応速度 V_{max} は正常レベルまで上昇できません。しかし、その低下した V_{max} の半分の速度を与える基質濃度（これが K_m でしたね）には、変化がありません。このように、基質濃度にかかわらず一定割合で作業を阻害するようなタイプの阻害を、非拮抗阻害（もしくは非競合阻害）といいます。

➡**非拮抗阻害では一定割合で作業を阻害する。**

　拮抗阻害と非拮抗阻害とをグラフで示すと、**図 6.21** のようになります。拮抗阻害は、V_{max} はそのままで K_m を上げ、非拮抗阻害は K_m はそのままで V_{max} を下げます。

➡**拮抗阻害は V_{max} は不変、非拮抗阻害は V_{max} を下げる。**

図 6.21　拮抗阻害と非拮抗阻害

（縦軸：反応速度、横軸：基質濃度。V_{max}、$\frac{1}{2}V_{max}$、K_m を示す。曲線：阻害なし、拮抗阻害、非拮抗阻害）

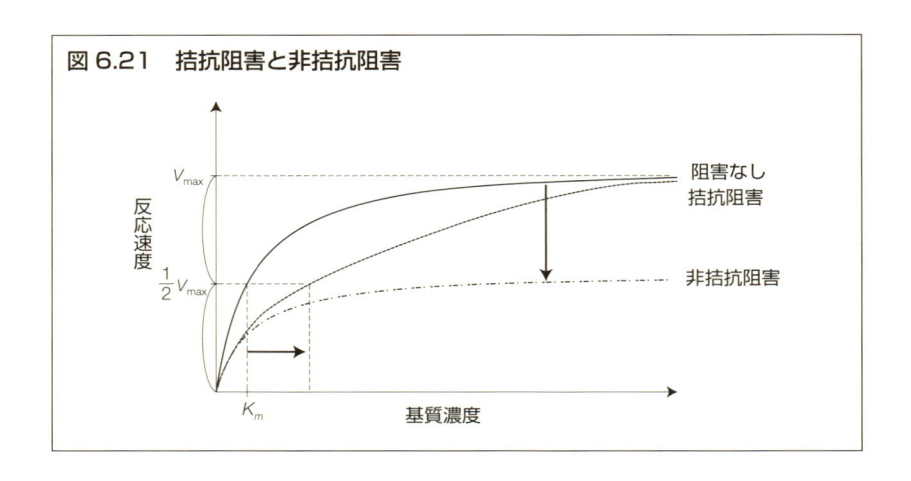

D アロステリック効果

　先ほどは、パブロフが健次のお尻にじゃれつきました。この場合、じゃれつく場所が決まっており、なおかつ、じゃれつかれたことによって健次の作業効率が促進したり抑制されたりすることがあります。これをアロステリック効果といいます。そして、じゃれつかれる場所をアロステリック部位といいます。

➡**酵素によってはアロステリック部位を持つものもある。**

　アロステリック効果を示す実際の酵素蛋白では、基質結合部位以外の場所にアロステリック部位があり、ここにある物質が結合することによって酵素の立体構造が変化し、酵素活性が変化します。反応速度は、促進されるもの（正の効果）と、抑制されるもの（負の効果）の両者があります。
　負の効果の場合は、フィードバック阻害（→ p.127）となり、最終生成物の産生量調節における重要なメカニズムです。

➡**フィードバック阻害のメカニズムにアロステリック効果がある。**

6.6 酵素の応用

　酵素は、体内で代謝活動の鍵になっているだけでなく、日常生活にもいろいろ利用されています。医療の分野では、まず臨床検査に利用されています。たとえば肝機能検査として、血中の AST や LD*の酵素活性を測定しています。これは肝炎では肝細胞が障害され、肝細胞の中に存在している AST や LD などの酵素が血液中にばらまかれるからです。そこで血液中の AST の量を測定すると肝細胞の障害の程度を推測できるというわけです。

　実際の臨床検査では、たとえば血液中の AST の酵素活性を次の原理で測定しています。すなわち、基質溶液（アスパラギン酸と α-ケトグルタル酸）に血液を加えて反応させ、血液中に含まれている AST の作用により一定時間後に産生された生成物（オキサロ酢酸）の量を測定しているのです。肝機能検査の代表として AST や LD 測定がよく利用される理由は、これらの酵素活性が採血後の血液中でも安定なこと、基質が他の酵素で変化しにくいこと、生成物の量の測定が簡単なこと、などの長所があるからです。

　また、衣料用洗剤には、蛋白分解酵素（プロテアーゼ）や脂肪分解酵素（リパーゼ）を含んだものも市販されていて、衣服の汚れを化学的に分解することで洗濯効果を上げています。

➡酵素は臨床検査にも利用されている。

---

*　AST：アスパラギン酸と α-ケトグルタル酸からグルタミン酸とオキサロ酢酸を作る酵素。
　　LD：乳酸をピルビン酸にする酵素。LDH ともいう。いずれも p.122 を参照のこと。

第6章 酵素

確認問題

■**酵素及び酵素反応に関する記述のうち、正しいものの組合せはどれか。**
 a. 酵素は、反応の進行に必要な活性化エネルギーを低下させる。
 b. 多くのリソソーム酵素は、弱酸性条件下で酵素活性が高い。
 c. リン酸化により活性が調節される酵素は、リン酸化体がすべて活性型である。
 d. 反応速度は、競合阻害薬の濃度が一定の場合、基質濃度を高くしても変化しない。
　1（a、b）　2（a、c）　3（a、d）　4（b、c）　5（b、d）　6（c、d）

（薬剤師国家試験既出問題）

解説：a. 正しい。b. 正しい。リソソームとは細胞小器官の一つで、細胞内に貪食した異物を酸性下で分解している（p.153）。c. すべてとは限らない。d. 基質濃度を高くすると反応速度は上昇する。【答　1】

■**酵素の拮抗（競合）阻害について正しいのはどれか。**

1. $K_m \uparrow$、$V_{max} \uparrow$
2. $K_m \uparrow$、$V_{max} \rightarrow$
3. $K_m \rightarrow$、$V_{max} \downarrow$
4. $K_m \downarrow$、$V_{max} \rightarrow$
5. $K_m \downarrow$、$V_{max} \downarrow$

（臨床検査技師国家試験既出問題）

解説：p.140を参照。【答　2】

第 7 章

生体の生化学

生化学の範囲はきわめて広く、第1～6章で述べたことは生化学のごく一部にしかすぎません。第7章では第1～6章で説明できなかった生化学の別な面を、広くかつ深くあらためて解説します。

第 7 章　生体の生化学

7.1 生化学実験の手法

A 遠心分離

　生化学分野の実験を行う場合には、いろいろな手段や方法があります。たとえば試料（サンプル）に不純物が多く含まれていると、なかなか正しい結果は出せません。その場合は不純物を除去する目的、つまり試料の純化を目的として分離精製を行います。

　このための基本的な手技の1つに、遠心分離があります。これは、液体中に存在する物質を、比重の差によって分離するものです。味噌汁を放置すると、地球の重力の力で下に味噌が沈殿してくるのと同じ原理です。試料溶液を高速で回転させることにより、液体中の物質に強い遠心力をかけ、重いものを沈殿させます（**図 7.1 ①②**）。

　遠心分離機にかけたあとの試料は、通常沈殿成分とその上層の液体成分とに分けられ、液体成分は上清などと呼びます。

　遠心分離の強さの単位には、g を使います*。地表の重力の強さが $1\,g$ であり、その1,000倍なら $1,000\,g$ となります。遠心分離の強さは回転軸から試料までの距離と回転数、および回転時間に比例します。

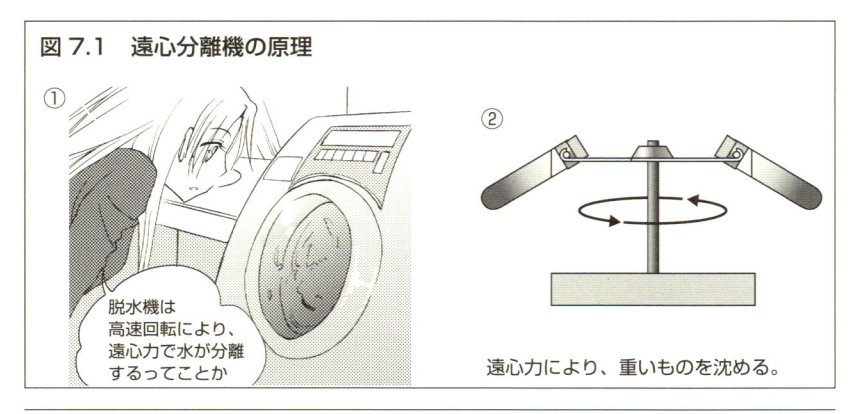

図 7.1　遠心分離機の原理

① 脱水機は高速回転により、遠心力で水が分離するってことか

② 遠心力により、重いものを沈める。

---

*　重力の単位の「g」と、重さの単位の「g」とは、使用文字を使い分けることもある。

➡試料の純化の方法に遠心分離がある。

B クロマトグラフィー

　生化学分野の実験で、遠心分離と並んでよく使用される方法にクロマトグラフィーと呼ばれるものがあります。たとえば、ある混合溶液を濾紙に1滴落とすと、液体は落下点から周りへと次第に広がっていきます。このとき、その広がる速度は溶質成分ごとに異なり、溶質成分はそれぞれ独自の速度で広がっていきます。

➡試料の純化の方法にクロマトグラフィーがある。

　この原理を利用すると、いろいろなことができます。たとえば、細長い筒に細かなビーズを入れて不純物の多い液体を流すと、ビーズに吸着したり流れを邪魔されたりして、流れ出る時間が溶質成分ごとに異なってくるため、目的の物質を分離精製することができます**（図7.2）**。

　このように液体を使う場合を、液体クロマトグラフィー（液クロと略すことが多い）といいます。その中でも、高圧ポンプを使って早く液体を流す装置を、高速液体クロマトグラフィー（高性能液体クロマトグラフィーともいい、HPLC；High performance liquid chromatography と略します）

図7.2　クロマトグラフィーは網くぐり

障害物競走では速い人と遅い人との間に大きな差ができます。化学物質も障害物競走をさせると、その移動速度に差ができ、目的の物質を分離精製することができます。

といい、生化学分析に非常によく使われています。なお、液体ではなく気体を使うものをガスクロマトグラフィーといいます。

➡試料の純化に繁用されているのが HPLC。

C 電気泳動法

　蛋白質や核酸はイオンになりやすく、ある一定の荷電を持っています。荷電を帯びているので、これらの物質の溶液に直流電圧をかけると、その荷電などの状況に応じて陽極もしくは陰極のほうに、徐々に移動していきます（**図7.3**）。この方法を電気泳動法といい、蛋白や核酸などの分離・精製・同定などに、非常によく利用されています。このとき、試料をゲルの中を移動させるという方法がよく使われており、これをゲル電気泳動法といいます。ゲルには、ポリアクリルアミドで作ったものが繁用されています。

　さらに、界面活性剤であるSDS（ドデシル硫酸ナトリウム）を用いて蛋白質を溶かして電気泳動を行うと、複数の蛋白質をその分子量の大きさの違いによって分離することができます。この方法をSDS-PAGE（SDS-ポリアクリルアミドゲル電気泳動法）といい、これもまた非常によ

図7.3　**電気泳動法**

田中家の人々を野菜好きか肉好きかで分けると、その程度の違いで立ち位置が違ってきます。

く利用されています。

➡ SDS-PAGEでは、蛋白質を分子量の差によって分離する。

D サザンブロット法

1本鎖DNAは、その相補的DNAと結合して2本鎖を形成する性質があります（→ p.96）。この性質を利用すると、いろいろなDNAの混合物の中から、ある特定の塩基配列を持つDNAを同定することができます。この原理を簡単に説明します。まずDNA試料をゲル電気泳動にかけると、DNAはそれぞれその大きさによって分離できます。これに目的のDNAと相補的な塩基配列を持つDNAを作用させ、このDNAと2本鎖を形成したら、目的のDNAが試料中に存在するということです。つまりDNA－DNAで2本鎖を形成させるわけです。この方法を考案した人がSouthernさんという名前だったので、この方法をサザンブロット法といいます**（図7.4）**。

図7.4　**サザンブロット法**

核酸鎖はその相補鎖と結合します。抗体も特定の抗原と結合します。

➡ DNA 検出法がサザンブロット法。

　核酸の 2 本鎖は、RNA−DNA でも形成します。つまり、サザンブロット法の原理を応用すると、似たような方法でいろいろな RNA の混合物の中から、ある特定の塩基配列を持つ RNA を同定することができます。さてこの方法の名称をどうしようかということになり、もとの方法が southern ならこれは northern だ、つまりノーザンブロット法だと決まりました。最初が南なら次は北だという、欧米人特有のジョークというか駄洒落ですね。

➡ RNA 検出法がノーザンブロット法。

　さらに、抗原と抗体でも結合体を形成します。核酸の場合と同様に蛋白質にサザンブロット法の原理を応用すると、ある特定の蛋白質への抗体を使用して、いろいろな蛋白質の混合物の中からその蛋白質を同定することができます。そしてこの方法の名称は、これまた駄洒落でウェスタンブロット法になりました。southern、northern ときたら次は western ですよね。なお、今のところ eastern 法はまだ確定されていません、候補はいろいろあるようですが（図 7.5）。

➡蛋白質検出法がウェスタンブロット法。

図 7.5　**4 人で麻雀中**

蛇足ですが、麻雀での東西南北は星座と同じであり、通常の地図の方位とは異なります。

7.2 再度、細胞の構造

A もうちょっと詳しい細胞の構造概略（図7.6）

細胞が核、ミトコンドリア、小胞体、ゴルジ体、小胞（顆粒）、リボソーム、および細胞質基質からできていること、およびそれらの簡単な機能に関しては、すでに説明しました（→ p.16）。ここではこれらの点に関して、生化学的な面からもう少し深く説明していきます。

B 遺伝子の転写と翻訳

核は、遺伝子を収納している倉庫です。2本鎖のDNAをコンパクトに収納しています。細胞がある蛋白質を作りたいと思ったら、その蛋白質の一次構造を規定している部分（ここが遺伝子ですね）がほどけ、その部分の塩基配列をmRNAに写し取ります。これが**転写**でしたね。どの遺伝子をどれだけ転写するのかは、いろいろな物質で調節されています。

➡ **核では、DNAからRNAへの転写が行われる。**

核で作成されたmRNAは、余計な部分を切り取られます。これがスプライシングです。そして核を出て細胞質基質に移動し、リボソームに到着します。リボソームでは3塩基ずつのコドンが読みとられ、その順番に従っ

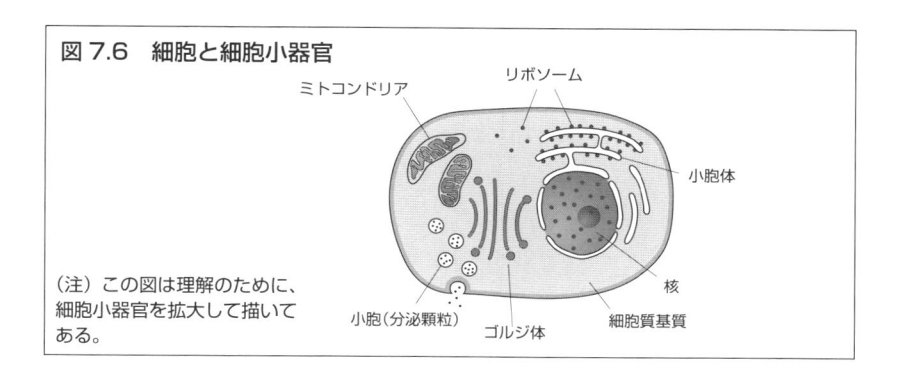

図7.6　細胞と細胞小器官

（注）この図は理解のために、細胞小器官を拡大して描いてある。

てアミノ酸が1個ずつ連結されていき、ペプチドが順次長くなっていきます。このようにして蛋白質が作られていきます。これが**翻訳**でしたね。すなわちリボソームは蛋白質製造工場というわけです。

➡リボソームではRNAから蛋白質への翻訳が行われる。

C 蛋白質の産生場所

　リボソームの存在場所としては、細胞質基質内に散在しているものと、小胞体の表面にくっついているものとがあります。細胞質基質内にあるリボソームが蛋白質を作ると、細胞質基質内に蛋白質ができるわけです。細胞自身が使いたい蛋白質は、このようにして作られます。

➡細胞質基質のリボソームは、細胞質基質内に蛋白質を作る。

　一方、小胞体の表面にくっついているリボソームが蛋白質を作ると、その蛋白質は小胞体内部に運ばれます。つまり、小胞体の内側に蛋白質ができるわけです。その後、小胞体の一部は、切り取られて小胞になります。小胞は顆粒ともいい、やがてはその中身が細胞外に放出されます。このように、自分の細胞外に蛋白質を作りたい場合は、小胞体の表面にくっついているリボソームが活躍します。たとえば消化液の分泌細胞のような腺細胞は、細胞内に小胞体が発達しており、その表面には多数のリボソームがくっついています。

➡小胞体表面のリボソームは、小胞体内腔に蛋白質を作る。

D ATPの産生場所

　細胞活動にはATPが必須ですが、このATPは主にミトコンドリアで作られます。ミトコンドリアでは酸素を使っているのが特徴で、クエン酸回路やそれに付随する電子伝達系は、ここで行われています。脂肪酸のβ酸化もミトコンドリアで行われています。クエン酸回路やβ酸化がミトコンドリアで行われているということは、クエン酸回路やβ酸化を遂行している酵素は、ミトコンドリアに存在している、ということです。大量

にATPを消費する細胞は、多数のミトコンドリアを持っています。
➡ミトコンドリアではクエン酸回路・電子伝達系・β酸化が行われる。

一方、嫌気的解糖（→ p.61）は、細胞質基質で行われています。これは解糖系の酵素は細胞質の液体中に存在している、ということです。ですから、赤血球のようにミトコンドリアを持っていない細胞でも、細胞質基質内に存在する解糖系酵素の作用によってATPを作り出すことができます。ただし、その産生効率はミトコンドリアに比べると劣ります。
➡細胞質基質では嫌気的解糖が行われる。

E その他の細胞小器官

細胞によっては、リソソームと呼ばれる細胞小器官を持っているものもあります。外見は小胞によく似ており、内部は弱酸性でリソソーム酵素と呼ばれる酸化酵素が存在しています。細胞内に貪食した異物はこのリソソームで分解されます。リソソーム酵素は弱酸性環境下で活性をもつので、リソソーム内部でのみ働くことができます。

F 細胞分画法

たとえば、細胞からクエン酸回路の酵素の抽出という生化学実験を行う場合には、ミトコンドリアだけを集めたりします。このように細胞小器官の働きなどを調べたい場合は、細胞内からその小器官だけを選別します。この方法を、細胞分画法といいます。

細胞分画法の第1歩は、細胞を壊すことから始まります。**ホモジナイズ**という作業ですが、緩衝液を加えて細胞をすりつぶすことにより、細胞膜をばらばらにします。この溶液を遠心分離機にかけて、順次重いものから分けていくのです（図 7.7）。
➡細胞小器官を分けるのが細胞分画法

まず最初に沈むのが、核と断片化した細胞膜です。緩衝液の種類にもよりますが、非常に大まかに言って 1,000 g で沈みます。そしてこの上清に

図7.7　ホモジナイザーの例

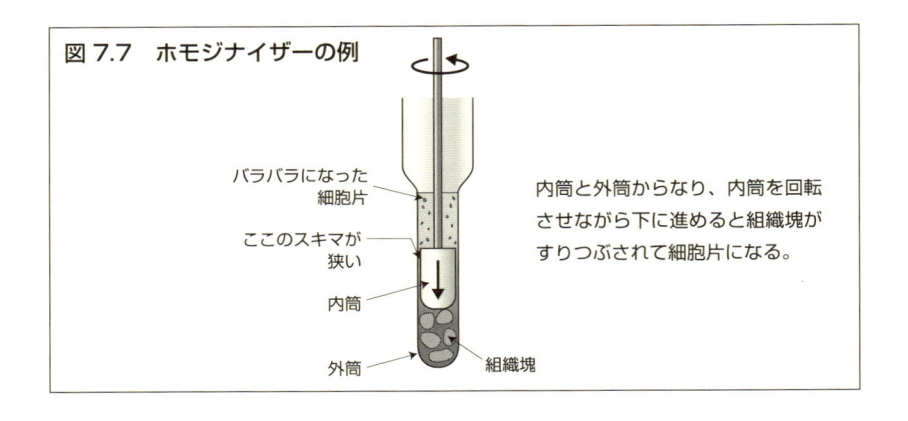

- バラバラになった細胞片
- ここのスキマが狭い
- 内筒
- 外筒
- 組織塊

内筒と外筒からなり、内筒を回転させながら下に進めると組織塊がすりつぶされて細胞片になる。

10,000 g をかけるとミトコンドリアが沈んできます（**図7.8**）。

➡ **最も重いのが核、次がミトコンドリア**

さらにこの上清に10万 g をかけると、小胞体やゴルジ体がばらばらになったものおよびリボソームが沈んできます。これらをまとめてミクロソームといいます。そして上に残った上清が細胞質基質です。

➡ **ミクロソームは軽い。**

たとえばクエン酸回路の酵素を解析したい場合は、ミトコンドリアを集

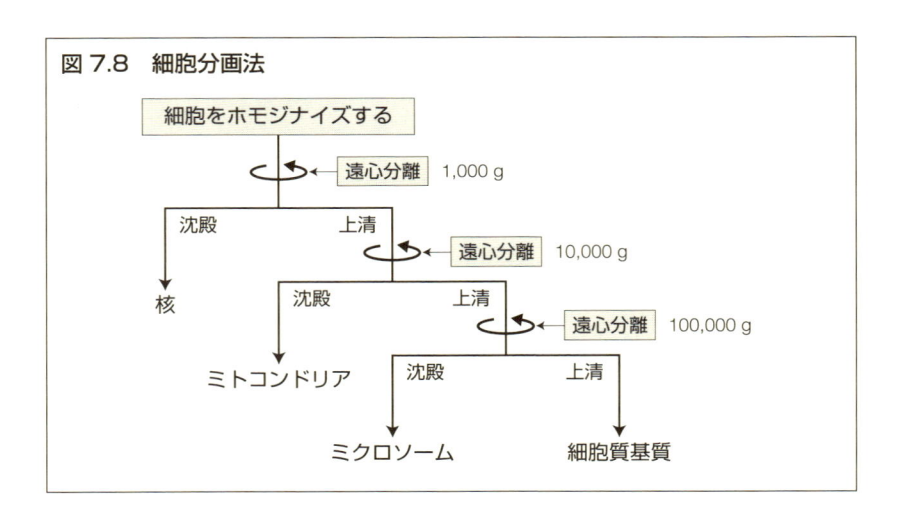

図7.8　細胞分画法

細胞をホモジナイズする
- 遠心分離　1,000 g
  - 沈殿 → 核
  - 上清
    - 遠心分離　10,000 g
      - 沈殿 → ミトコンドリア
      - 上清
        - 遠心分離　100,000 g
          - 沈殿 → ミクロソーム
          - 上清 → 細胞質基質

めるわけですので、まず1,000 gで得られた上清にさらに1万 gをかけた沈殿から酵素を分離していきます。また解糖系酵素を解析したい場合は、解糖系酵素は細胞質基質にあるので、10万 gで遠心分離した上清から目的の酵素を分離していきます。

➡目的の酵素は、細胞内の特定の場所にある。

7.3 生化学からみたビタミン

A ビタミンとは

ビタミンは、ヒトで必要とされる微量の栄養素です。ヒトの体内で合成できないか、合成できてもそれだけでは不十分であり、食物として摂取する必要があります。エネルギー源にも体の構成成分にもなりません。しかし、体内で非常に重要な働きをしています。たとえば、補酵素として働いたり、還元物質として働いたりしています。以下に代表的な機能を説明しますが、ビタミンの作用は下記だけではなく、それ以外にも多彩な作用をしています。また、ビタミンはその化学的性質により、水溶性のものと脂溶性のものとに分けられます（**表7.1**）。

➡ビタミンは体内で重要な働きをしている。

B 補酵素としてのビタミン

酵素の章でも説明しましたが（→ p.119）、酵素によっては補酵素を必要とするものがあります。その補酵素がビタミンです。食物中のビタミンが体内で少し変化したのち、補酵素として働いています。

➡ビタミンは補酵素として働いている。

補酵素の代表にビタミンB_1（チアミン）があります。ビタミンB_1を補酵素とする代表的な酵素は、解糖系からクエン酸回路に入るところの代謝

表7.1　水溶性ビタミンと脂溶性ビタミン　　　　　　　　　　（　）内は化学名の例

水溶性ビタミン	・ビタミン B_1（チアミン） ・ビタミン B_2（リボフラビン） ・ビタミン B_6（ピリドキシン） ・ビタミン B_{12}（コバラミン）	・ナイアシン（ニコチン酸） ・葉酸 ・パントテン酸 ・ビタミン C（アスコルビン酸）	脂溶性ビタミン	・ビタミン A（レチノール） ・ビタミン D（カルシフェロール） ・ビタミン E（トコフェロール） ・ビタミン K（フィロキノン）

を受け持っている、ピルビン酸脱水素酵素という酵素です。したがって、ビタミン B_1 が不足すると、この酵素が働けず ATP 産生がうまくいかなくなり、細胞が ATP 不足すなわちエネルギー不足を生じます。これが脚気という病気です。体内のすべての細胞がエネルギー不足に陥りますが、臨床症状はエネルギー不足に弱い細胞に強く出現します。そしてそれは神経細胞や筋肉の細胞なのです。したがって、ビタミン B_1 不足時の症状としては、脳神経や心臓などの障害がまず出現します。神経細胞は非常にデリケートなので、ささいな代謝障害でも機能異常を起こしやすく、ほとんどのビタミン不足では神経症状が出現します。

➡ ビタミン B_1 はエネルギー産生に必要。

　ビタミン B_2（リボフラビン）は FAD や FMN として、またナイアシンは NAD や NADP として、酸化還元反応の補酵素として働いています。したがって、クエン酸回路や電子伝達系の酵素には、ビタミン B_2 やナイアシンを必要とする酵素がたくさん存在します。

➡ NAD や FAD は、酸化還元反応にかかわっている。

　ビタミン B_6 を補酵素とする酵素には AST や ALT などがあります。ビタミン B_6 は転移酵素の補酵素として働いています。
　ビタミン B_{12} と葉酸は、核酸合成に必要な酵素の補酵素として働いています。したがって、ビタミン B_{12} や葉酸が欠乏すると細胞は核酸が作れず、細胞増殖ができなくなります。骨髄は細胞増殖がきわめてさかんなところですが、ビタミン B_{12} や葉酸が不足すると、赤血球産生が障害されて貧血

になります。また葉酸は細胞増殖に必須であり、葉酸の働きを阻害する化学物質は細胞増殖を抑制するため、抗がん薬として利用されています。なお、ビタミン B_{12} は金属のコバルト（Co）を含むめずらしい化合物です。

➡ **ビタミン B_{12} と葉酸は核酸合成に必要。**

エネルギー代謝の経路には、アセチル CoA という物質がよく出てきます。この CoA というのは補酵素 A の略で、パントテン酸からできた化合物です。

➡ **アセチル CoA の CoA は、補酵素 A のこと。**

C 還元剤としてのビタミン

ビタミンは、補酵素だけではなく還元剤としても働いています。その代表がビタミン C と E です。ビタミン C は、たとえばコラーゲンという蛋白質が、より強固で安定な線維を形成するときの反応に必要です。したがってビタミン C が不足すると、安定なコラーゲン線維が作れなくなります。コラーゲンは結合組織を形成する重要な蛋白質であり、たとえば血管壁もコラーゲンで作られています。したがって、ビタミン C が不足すると、血管がもろくなり、もろくなった血管から出血しやすくなります。これが壊血病です。

➡ **ビタミン C は、コラーゲン線維合成に必要。**

ビタミン C と E は化学的に還元性があるので、生体内では還元剤つまり抗酸化物質として働いていると考えられています。食品添加物の1種として、酸化防止剤としても利用されています。ビタミン C は水溶性で、ビタミン E は脂溶性です。なお、ビタミン C はヒト以外のほとんどの動物で、体内で合成することができます。

➡ **ビタミン C とビタミン E は還元剤。**

D ビタミン A、D、K

　ビタミン A、D、K は、いずれも脂溶性ビタミンです。脂肪分をまったく摂取しなかったり、脂肪の吸収障害があったりすると、必須脂肪酸および脂溶性ビタミンの不足を生じることがあります。
　ビタミン A は、眼の視細胞の中にある、光を感じる物質の成分です。光を受けるとビタミン A（の誘導体）の構造が変化して、視細胞は光が来たことを認識します。したがってビタミン A 欠乏では、まず夜の弱い光に反応できなくなり、夜盲症となります。強いビタミン A 欠乏の場合は、眼球機能が障害されて失明してしまいます。

➡ビタミン A は、光受容器の成分。

　ビタミン D は食物から摂取しますが、紫外線により皮膚で合成することもできます。しかしそのままではまだ生物学的な活性はなく、最後に腎臓の細胞による代謝を受けて活性型ビタミン D に変化して初めて活性を持つようになります（図 7.9）。そのため食物の摂取不足だけでなく、腎不全でも活性化障害によりビタミン D 不足になります。

➡ビタミン D は腎臓で活性化される。

　活性型ビタミン D は小腸細胞でカルシウム吸収にかかわる蛋白質の mRNA 発現を調節しており、ビタミンというよりはホルモンの性格が強いようです。構造的にもステロイドホルモンによく似ています（→ p.86）。

図 7.9

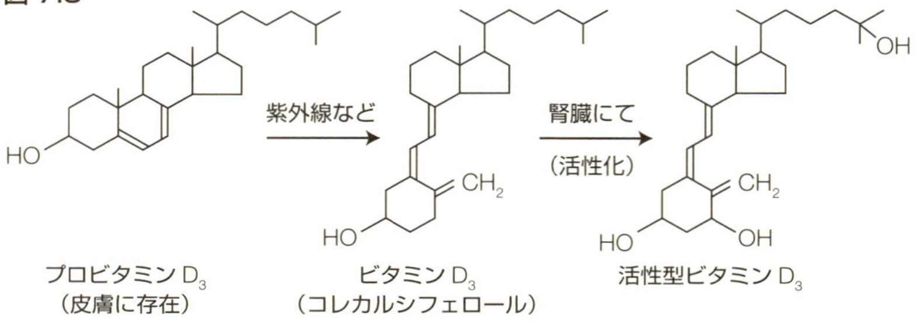

プロビタミン D_3
（皮膚に存在）

→ 紫外線など →

ビタミン D_3
（コレカルシフェロール）

→ 腎臓にて（活性化） →

活性型ビタミン D_3

ビタミン D はカルシウム代謝に大きな影響を持つため、ビタミン D 不足では骨がもろくなったりします。

➡ビタミン D は、ステロイドホルモンの 1 種。

ビタミン K は、ある種の血液凝固因子の合成に必要な成分です。したがって、ビタミン K が不足すると出血しやすくなります。通常は、腸内細菌がビタミン K を作ってくれているのでビタミン K 不足にはなりにくいのですが、新生児ではまだ腸内に十分量の細菌が住んでいないので、ビタミン K 不足による出血を起こすことがあります。またビタミン K の阻害物質を使うと、故意に血液の凝固能を低下させることもでき、脳梗塞の予防薬などとして使われています。

➡ビタミン K は、血液凝固因子の合成に必要。

確認問題

■ビタミン B_{12} の構成成分はどれか。
1. Al
2. Co
3. Li
4. Mn
5. Zn

（臨床検査技師国家試験既出問題）

解説：ビタミン B_{12} はコバルト（Co）を含むのが特徴。【答　2】

■次の文章を読み、問に答えよ。
28 歳の女性。全身倦怠感の増強を主訴に来院した。1 週間前に自宅近くの診療所で妊娠と診断された。5 日前から悪心と嘔吐とが出現し、自宅で経過をみていたが改善せず、食事摂取が困難になった。超音波検査で子宮内に胎嚢と心拍動を有する胎芽とを認める。血液所見：赤血球 430 万、Hb 14.8 g/dL、Ht 46％、白血球 12,100、血小板 32 万。輸液を行うこととした。
問　輸液に加えるべきものはどれか。
a. ビタミン B_1
b. ビタミン B_2
c. ビタミン B_6
d. ビタミン B_{12}
e. ビタミン C

（医師国家試験既出問題）

解説：食事摂取困難による輸液なので、栄養補給が目的であり、通常はブドウ糖主体の輸液を行う。ブドウ糖から ATP を作る際には特にビタミン B_1 が必要であり、選択肢の中では B_1 が不足しやすくかつその不足は重症化しやすい。【答　a】

巻末資料

倍数接頭辞

1	モノ	9	ノナ	17	ヘプタデカ
2	ジ	10	デカ	18	オクタデカ
3	トリ	11	ウンデカ	19	ノナデカ
4	テトラ	12	ドデカ	20	エイコサ、イコサ
5	ペンタ	13	トリデカ	21	ヘンエイコサ、ヘンイコサ
6	ヘキサ	14	テトラデカ	22	ドコサ
7	ヘプタ	15	ペンタデカ	23	トリコサ
8	オクタ	16	ヘキサデカ	24	テトラコサ

ギリシャ文字の読み方   (( ) 内はもっとも近いローマ字)

A	α	アルファ	(a)	N	ν	ニュー	(n)
B	β	ベータ	(b)	Ξ	ξ	クサイ	(x)
Γ	γ	ガンマ	(g, n)	O	o	オミクロン	(o)
Δ	δ	デルタ	(d)	Π	π	パイ	(p)
E	ε	イプシロン	(e)	P	ρ	ロー	(r, rh)
Z	ζ	ゼータ	(z)	Σ	σ	シグマ	(s)
H	η	エータ	(e)	T	τ	タウ	(t)
Θ	θ	シータ	(th)	Y	υ	ユプシロン	(y, u)
I	ι	イオタ	(i)	Φ	ϕ	ファイ	(ph)
K	κ	カッパ	(k)	X	χ	カイ	(ch)
Λ	λ	ラムダ	(l)	Ψ	ψ	プサイ	(ps)
M	μ	ミュー	(m)	Ω	ω	オメガ	(o)

補助単位

da	デカ	10^{1}		d	デシ	10^{-1}
h	ヘクト	10^{2}		c	センチ	10^{-2}
k	キロ	10^{3}		m	ミリ	10^{-3}
M	メガ	10^{6}		μ	マイクロ	10^{-6}
G	ギガ	10^{9}		n	ナノ	10^{-9}
T	テラ	10^{12}		p	ピコ	10^{-12}
P	ペタ	10^{15}		f	フェムト	10^{-15}

例：1 フェムトグラム $= 10^{-15}$ g $= 0.000\,000\,000\,000\,001$ g
    1 ペタグラム $= 10^{15}$ g $= 1\,000\,000\,000\,000\,000$ g

参考図書

本書は読者の皆様に生化学を好きになっていただくことを第一の目的に構成・執筆いたしました。したがって本書の内容は、生化学全般はカバーしきれていません。

もしあなたが生化学の授業を受講している学生さんでしたら、おそらく学校では教科書が指定もしくは推薦されていることと思います。その場合は、本書で生化学を好きになったうえで、あらためてその指定教科書をよく読みながら生化学の勉強を進めてください。

独学の場合、あるいはその指定教科書の範囲やレベルを超えてもっと広く深く勉強する場合は、本書と指定教科書だけではやや苦しいと思います。その時のために、以下の本を推薦しておきます。興味や必要性に応じて読んでみてください。レベルに応じて★をつけてあります。本書の執筆時にも、以下の本を参考にさせていただきました。

≪★入門書　★★中級書　★★★上級書≫

生化学分野

『有機化学 基礎の基礎』立屋敷哲　丸善　★★

生化学に必要な有機化学について詳しく解説してあります。初歩から非常に深いところまで網羅してあります。有機化学の知識が不十分な人は、この本を参照しながら生化学を勉強していくことをお勧めします。

『生化学がわかる』田中越郎　技術評論社　★

本書よりさらに平易に作ってあります。本書でも難解だと感じた人は、まずこの本から生化学の勉強を始めてください。

『生化学ガイドブック』遠藤克己他　南江堂　★★

私（田中越郎）のイチオシの生化学テキスト。簡潔なマップ形式にまとめてあります。私は学生時代にこの本と出会い、以後今まで常に座右に置いて、こ

とあるごとに開いています。今後も生化学分野と縁が続く人はぜひそろえてください。一生使えます。

> 『**イラストレイテッドハーパー・生化学**』上代淑人訳　丸善　★★★
> 『**ヴォート　生化学〈上〉〈下〉**』田宮信雄訳　東京化学同人　★★★
> 『**ストライヤー　生化学**』入村達郎他訳　東京化学同人　★★★

　世界中で使われている生化学の標準的教科書。これ以外にも同じような厚さの同じような値段の翻訳書が多数あります。内容的にはいずれも甲乙つけがたいので、自分の好みにあった書き方をしてある本を選んでください。

> 『**生化学　基礎の基礎**』江崎信芳他　化学同人　★★★
> 『**生化学キーノート**』Hames 他　田之倉優他訳
> 　　　　　　シュプリンガー・フェアラーク東京　★★★
> 『**カラー図解見てわかる生化学**』Koolman 他、川村越他訳、
> 　　　　　　メディカル・サイエンス・インターナショナル　★★★

　生化学のトピックを項目ごとにかなり高いレベルで詳しく解説してあります。生化学分野の特定項目を詳しく調べたいときには非常に役にたちます。

生物学・分子生物学分野

> 『**カラー図解アメリカ版大学生物学の教科書**』サダヴァ他　石崎泰樹他訳　講談社　★★

　3冊のシリーズもの。生化学限定ではありませんが、大学教養課程レベルの生物学（生化学が中心）の講義を楽しめます。米国の大学ではこうやって生物学を教えているんだー、というのがわかります。カラーの図が非常にきれいで楽しめます。

> 『**分子生物学講義中継**』井出利憲　羊土社　★★★

　数冊のシリーズもの。わかりやすさで定評のある井出先生の分子生物学の講義を楽しめます。井出先生の講義の雰囲気に触れてみたい人、楽しみながら分子生物学を勉強したい人に勧めます。

『**細胞の分子生物学**』Alberts 他、中村桂子他訳、ニュートンプレス　★★★

　世界中で使われている分子生物学の標準的教科書『The Cell』の翻訳本。世界の分子生物学専攻の学生はこのレベルで勉強しています。初学者が分子生物学分野で何か調べ物をするときは、まずこの本を見るといいでしょう。

生化学以外の基礎医学分野

　生化学・分子生物学以外の基礎医学分野の平易な入門書を、各分野につき1冊だけ推薦しておきます。これ以外にもいい本はたくさんあります。

解剖学　『**カラー図解人体の正常構造と機能**』坂井建雄　日本医事新報社　★★

　全10巻のシリーズものですが、1冊にまとめた縮刷版もあります。解剖図がとてもきれいです。臓器の働きを理解するには、組織学の知識が少し必要かもしれません。

解剖生理学　『**イラストでまなぶ人体のしくみとはたらき**』田中越郎　医学書院　★

　コメディカル学生向けの解剖生理学のテキスト。2人の看護学生が読者と一緒に解剖生理学を学んでいく、というスタイルで記載されています。

生理学　『**好きになる生理学**』田中越郎　講談社　★

　本書の姉妹編。本書と同じコンセプト、同じレベル、同じ登場人物で作ってあります。生理学を好きになりたい人向け。

免疫学　『**休み時間の免疫学**』齋藤紀先　講談社　★

　免疫学の基本知識は網羅してあります。1テーマ10分で読めるようになっているので、空いた時間に気軽に免疫学を勉強できます。

病態生理学　『**系統看護学講座　病態生理学**』田中越郎　医学書院　★

　看護課程における「病態生理学」の授業用の正式な教科書。病気はなぜおこるのか、病気の時は体はどのように変化しているのか、を生理学的な面から解説してあります。看護学生が実際にどんな教科書を使って勉強しているかを知

ることもできます。

| 栄養学 | 『**好きになる栄養学**』麻見直美／塚原典子　講談社　★ |

　栄養素が体内でどう利用されるのかだけでなく、肥満やスポーツ栄養なども解説してあります。

| 薬理学 | 『**イラストでまなぶ薬理学**』田中越郎　医学書院　★★ |

　臨床での薬の使われ方を解説してあります。たとえばこの病気の時はどの薬を使用するか、そしてその薬がどのようにして効くのか、などを疾患ごとに解説してあります。

| 統計学 | 『**マンガでわかるナースの統計学**』田久浩志　オーム社　★ |

　医療分野で必要な統計学を平易に解説してあります。統計学の知識が皆無の人が、医療統計が必要になったとき、まず最初に読む本として適しています。

生化学関連の楽しい読み物

| 『**二重らせん**』ワトソン　講談社　★ |

　DNAの二重らせん構造の発見者である著者が、DNAの構造解析に成功するまでの道のりをリアルに語ったドキュメント。天才が努力している姿は感動ものです。

| 『**生物と無生物のあいだ**』福岡伸一　講談社　★ |

　分子生物学の歴史を興味深く解説してあります。分子生物学者である福岡先生の視点が面白い。同じ著者による『動的平衡』（木楽舎）も生化学に関する項目が中心のエッセイ集で楽しく読めます。

| 『**食卓の生化学**』三浦義彰他　医歯薬出版　★★ |

　食事や栄養に関連したことを生化学的に平易に解説してあります。楽しく気軽に読めます。食品系や栄養系の専攻学生および健康に興味を持っている人にお勧めします。

索引

〈欧文・英数〉

3-ヒドロキシ酪酸　71
ADP　58
ALT　156
AMP　58
AST　122, 143, 156
ATP　17, 19, 58
BUN　76
cAMP　82
C末端　46
DHA　31, 34, 52, 94
DNA　52, 94
　　――の複製　98
EPA　31, 34
FAD　64, 156
FMN　156
g（ジー）　146
GABA　89
K_m　128, 137
LD　143
LDH　122
LT　85
mRNA　98, 107, 151
NAD　64, 156
NADP　156
n-ヘキサン　6
N末端　46
PCR　103
PG　85
RNA　52, 55
RNAポリメラーゼ　98
SDS　148
S–S結合　11, 47, 48
TCA回路　64
tRNA　101
TX　85
V_{max}　128, 137
α-ケトグルタル酸　73
αヘリックス　48
α-リノレン酸　34, 36
β酸化　70, 152
βシート　48

《あ行》

アスコルビン酸　156
アスパラギン　41, 43, 44
アスパラギン酸　41, 43, 44
アスパラギン酸アミノ基転移酵素　122
アスピリン　85
アセチルCoA　64, 70, 157
アセトアルデヒド　13
アセト酢酸　71
アセトン　71
アデニン　52, 58, 94
アデノシン　53, 58
アデノシン一リン酸　58
アデノシン二リン酸　58
アデノシン三リン酸　58
アドレナリン　89
アポ酵素　119
アミド結合　10, 45
アミノ基　38, 88
アミノ酸　38, 72, 88
アミノ酸配列　46
アミラーゼ　26, 29
アミロース　25
アミロペクチン　25
アミン　88
アラキジン酸　34
アラキドン酸　31, 34, 82
アラニン　15, 40, 42, 44
アルカリホスファターゼ　121
アルギニン　41, 43, 44
アルコール類　7
アルドステロン　87
アルブミン　50
アレルギー　85
アロステリック効果　142
アンモニア　75
イオン結合　9
異化　74
異性化酵素　124
異性体　14, 124
イソメラーゼ　124
イソロイシン　40, 42, 44
一次構造　46, 94
遺伝　94
遺伝子組み換え動物　109
遺伝子工学　109
遺伝子ノックアウト動物　110
遺伝情報　94
遺伝病　106
イノシン　53
イワシ酸　34
インスリン　51, 72
インベルターゼ　24
ウイルス　17, 107
ウェスタンブロット法　150
ウラシル　52, 55
ウリジン　53
エイコサノイド　85
エイコサペンタエン酸　31, 34
エステル結合　10
エストラジオール　87
エタン　6
エチルアルコール　13
塩基　52
エンザイム　119
遠心分離　146
遠心分離機　153
黄体ホルモン　87
オキサロ酢酸　64
オキシダーゼ　122
オボアルブミン　48, 50, 51
オリゴ糖　23, 28
オリゴペプチド　45
オレイン酸　31, 34

《か行》

壊血病　157
解糖　61, 68, 153
核　16, 153
核酸　52, 94
加水分解　11, 23
加水分解酵素　122
ガスクロマトグラフィー　148
活性部位　124
カタラーゼ　115
脚気　156
カテコール　90, 91
カテコールアミン　90
果糖　22
カフェイン　54
カプリル酸　34
カプリン酸　34
カプロン酸　34
ガラクトース　22
顆粒　16, 152
カルボキシル基　31, 38
還元　13
還元酵素　122
官能基　6
基　6
飢餓時　74
キサンチン　54
基質　114
基質特異性　116, 117
拮抗阻害　140
吉草酸　34
キナーゼ　125
キモトリプシン　52
キャリー・マリス　103
急性膵炎　127
共有結合　5, 9
魚油　36
ギ酸　34
グアニン　52, 94
グアノシン　53
クエン酸回路　64, 68, 73, 152
グリコーゲン　25, 28, 63

165

グリシン　40, 42, 44, 86
グリセリン　29
グリセロール　29, 63, 69, 72
グルコース　22
グルココルチコイド　87, 88
グルタミン　41, 43, 44
グルタミン酸　41, 43, 44, 88
クレアチニン　77
クレアチン　76
グロブリン　50
クロマトグラフィー　147
結合酵素　124
血清アルブミン　50
解毒　91
ケトン体　70
原子　4
光学異性体　14, 22, 38
抗原　150
甲状腺ホルモン　90
酵素　19, 114
構造式　4
高速液体クロマトグラフィー　147
酵素反応曲線　139
抗体　150
コエンザイム　119
コール酸　87
呼吸　18
呼吸鎖　64
五炭糖　22, 52
コドン　99, 103
コバラミン　120, 156
コラーゲン　51, 157
ゴルジ体　4
コルチゾン　87
コレカルシフェロール　87
コレステロール　86, 87
コンドロイチン硫酸　28

《さ行》

最大反応速度　136
細胞　15
細胞質基質　16, 62, 153, 154
細胞分画法　153
細胞壁　17, 25, 28
細胞膜　15, 17, 153
酢酸　13, 34
サザンブロット法　149
サッカロース　24
酸化　13
酸化酵素　122
酸化的リン酸化　64
酸化マンガン（IV）　114
三大栄養素　18
ジアスターゼ　24

シクロヘキサン　6
脂質　29, 83
脂質二重膜　84
シス形　35
シスチン　40, 47
システイン　12, 40, 42, 44, 47
ジスルフィド結合　11, 47
シチジン　53
失活　127
至適pH　117
至適温度　117
シトシン　52, 94
脂肪酸　29
──の代謝　70
下村 脩　110
常染色体優性遺伝　105
常染色体劣性遺伝　105
小腸　29
小胞　16, 152
小胞体　16, 152
触媒　114
触媒作用　124
植物油　36
食物繊維　24
女性ホルモン　87
ショ糖　23, 25
腎機能　78
腎不全　76
水素結合　9, 96
水素伝達系　64
スクラーゼ　25
スクロース　23
ステアリン酸　31, 34
ステロイド基本骨格　86
ステロイドホルモン　86
スプライシング　98
スレオニン　40, 42, 44
生成物　114
性腺　88
性染色体劣性遺伝　106
精巣　88
生理学　2
セリン　40, 42, 44, 89
セルラーゼ　28
セルロース　25, 28
セロトニン　89
相補的塩基対　97, 98
疎水結合　9
ソマトスタチン　47

《た行》

代謝　19, 80
タウリン　86
脱アミノ　88
脱水縮合　10

脱炭酸　88
脱離酵素　123
多糖　23
炭化水素　29
単結合　12, 31
胆汁酸　86, 87
単純蛋白質　49
男性ホルモン　87
単糖　22
蛋白質　38, 45
チアミン　120, 155
チオール基　11, 47
チミジン　53
チミン　52, 94
中性脂肪　29, 37, 69
調節部位　124
チラミン　90
チロシン　40, 42, 44, 89
デオキシヌクレオシド　55
デオキシリボース　22, 52, 94
デオキシリボ核酸　52, 94
テストステロン　87
転移RNA　101
転移酵素　122
電解質　9
電気泳動法　148
電子伝達系　64, 68
転写　98, 151
デンプン　25
同化　74
糖原　24
糖質　22
糖蛋白質　50
等電点　44
糖尿病　72
ドーパ　90
ドーパミン　90
ドコサヘキサエン酸　31, 34
トコフェロール　156
ドデシル硫酸ナトリウム　148
トランス形　35
トランスフェラーゼ　122
トリグリセリド　69
トリプシノーゲン　126
トリプシン　51, 52, 122
トリプトファン　41, 43, 44, 89
トロンボキサン　85

《な行》

ナイアシン　120, 156
ニコチン酸　64, 120, 156
二酸化マンガン　114
二次構造　48
二重結合　12, 31

二重らせん　9, 96
二糖　23
乳酸　62, 63
乳酸脱水素酵素　122
乳糖　23
　　——不耐症　25
尿酸　54, 77
尿素　75, 77
尿素回路　75
ヌクレオシド　52, 95
ヌクレオチド　52, 95
ネガティブフィードバック　127
ノーザンブロット法　150
ノルアドレナリン　89
ノルマルヘキサン　6

《は行》

麦芽糖　23, 25
発光クラゲ　109
バリン　40, 42, 44
パルミチン酸　31, 34, 70
パルミトレイン酸　34
バレリン酸　34
パントテン酸　120
ヒアルロン酸　29
ビオチン　120
非拮抗害　141
ヒスタミン　82, 88
ヒスチジン　41, 43, 44, 82, 88
ビタミン　119, 155
　　—— A　158
　　—— B_1　155
　　—— B_2　64, 156
　　—— B_6　156
　　—— B_{12}　156
　　—— C　157
　　—— D　86, 88, 158
　　—— D_3　87
　　—— E　157
　　—— K　159
必須アミノ酸　39, 44
必須脂肪酸　36
ヒドロキシ基　7
ヒドロキシプロリン　41
ヒドロラーゼ　122
ヒポキサンチン　52, 53, 54
ピリドキサール　120
ピリドキシン　156
ピリミジン　52, 94
ピリミジン塩基　53
ビルビン酸　61, 64
ビルビン酸脱水素酵素　156
フィードバック阻害　127, 142
フェニルアラニン　40, 42, 44

フェノール　91, 92
フェノール類　7
複合蛋白質　49
副腎皮質　88
不斉炭素　14, 22
ブタン　14
ブチリル酸　34
ブドウ糖　22, 61
不飽和脂肪酸　31
プライマー　103
プリン　52, 94
プリン塩基　53
フルクトース　22
プロゲステロン　87
プロスタグランジン　82, 85
プロテアーゼ　51, 126
プロテオグリカン　29
プロパン　6
プロピオン酸　34
プロリン　41, 43, 44
分子　4
分子式　4
ヘキサン　6
ヘキソース　22
ヘテロ　104
ペプシン　51
ペプチダーゼ　51
ベヘン酸　34
ヘモグロビン　51
変性　48, 127
ベンゼン　6, 91, 92
ベンゼンスルホン酸　92
ベンゼン環　13
ペントース　22, 52
保因者　106
抱合　86, 91
芳香族　13
飽和脂肪酸　31
補酵素　119, 155
ホスファターゼ　125
ホモ　104
ホモジナイズ　153
ポリアクリルアミド　148
ポリペプチド　45
ホロ酵素　119
翻訳　98, 102, 151

《ま行》

マーガリン　35
マルターゼ　24, 29
マルトース　23
ミオシン　51
ミカエリス定数　137
ミカエリス-メンテンの式　128, 139

ミクロソーム　154
水飴　25
ミトコンドリア　16, 66, 152, 154
ミネラルコルチコイド　87
ミリスチン酸　34
ムコ多糖　28
メタン　6
メチオニン　40, 42, 44
メッセンジャー RNA　98
メッセンジャー物質　80, 85
メラニン　90
免疫グロブリン　50

《や行・ら行》

有機化合物　5
葉酸　120, 156
ヨウ素　90
ヨウ素デンプン反応　26
四次構造　48
ラウリン酸　34
酪酸　34
ラクトース　23
卵巣　88
卵胞ホルモン　87
リアーゼ　123
リガーゼ　124
リグノセリン酸　34
リシン　41, 43, 44
立体構造　125
リノール酸　31, 34
リノレン酸　31
リパーゼ　31, 37
リボース　22, 52, 55
リボ核酸　52
リボソーム　16, 99, 151
リボソーム RNA　101
リポ蛋白質　50
リボフラビン　120
リン酸　7, 52
リン脂質　84
臨床検査　143
レダクターゼ　122
レチノール　156
レブロース　24
ロイコトリエン　85
ロイシン　40, 42, 44
六炭糖　22

著者紹介

田中 越郎（たなか えつろう）
　1980 年　熊本大学医学部医学科卒業
　現　在　東京農業大学　名誉教授，医学博士

NDC464　　175p　　21cm

好きになるシリーズ

好きになる生化学

2012 年　3 月 30 日　第 1 刷発行
2023 年　6 月 19 日　第 14 刷発行

著　者　田中越郎（たなかえつろう）
発行者　髙橋明男
発行所　株式会社　講談社
　　　　〒112-8001　東京都文京区音羽 2-12-21
　　　　　販　売　(03) 5395-4415
　　　　　業　務　(03) 5395-3615

KODANSHA

編　集　株式会社　講談社サイエンティフィク
　　　　代表　堀越俊一
　　　　〒162-0825　東京都新宿区神楽坂 2-14　ノービィビル
　　　　　　編　集　(03) 3235-3701
印刷所　株式会社双文社印刷
製本所　株式会社国宝社

落丁本・乱丁本は，購入書店名を明記のうえ，講談社業務宛にお送り下さい．送料小社負担にてお取替えします．
なお，この本の内容についてのお問い合わせは講談社サイエンティフィク宛にお願いいたします．定価はカバーに表示してあります．

© Etsuro Tanaka, 2012

本書のコピー，スキャン，デジタル化等の無断複製は著作権法上での例外を除き禁じられています．本書を代行業者等の第三者に依頼してスキャンやデジタル化することはたとえ個人や家庭内の利用でも著作権法違反です．

JCOPY　〈(社) 出版者著作権管理機構　委託出版物〉
複写される場合は，その都度事前に (社) 出版者著作権管理機構 (電話 03-5244-5088, FAX 03-5244-5089, e-mail : info@jcopy.or.jp) の許諾を得て下さい．

Printed in Japan
ISBN978-4-06-154157-3